機械学習のための関数解析入門

ヒルベルト空間とカーネル法

瀬戸 道生・伊吹 竜也・畑中 健志
共 著

内田老鶴圃

はじめに

近年，人工知能に関連して機械学習という言葉が広く知られるようになった．本書は，機械学習の背景にある関数解析の入門書である．広範に及ぶ機械学習の定義付けは専門書に譲ることとして，本書では変数 $\boldsymbol{x} \in \mathbb{R}^d$ および $\lambda \in \mathbb{R}$ の計測データ $\boldsymbol{x}_1, \ldots, \boldsymbol{x}_n \in \mathbb{R}^d$ と $\lambda_1, \ldots, \lambda_n \in \mathbb{R}$ が与えられたとき，データを元に $\boldsymbol{x}$ と λ の関係を近似的に推定することを**学習**とよぶ．特に，本書では回帰問題と分類問題という二つの問題を扱う．

回帰問題

計測データ $\boldsymbol{x}_1, \ldots, \boldsymbol{x}_n$ と $\lambda_1, \ldots, \lambda_n$ を用いて，変数 $\boldsymbol{x}$ および λ との間に，誤差を許して

$$\lambda = f(\boldsymbol{x}) \tag{0.0.1}$$

という関係を当てはめることを考えよう．例えば，$d = 1$ としてデータ (x_i, λ_i) を**図 0.1** (a) のように '×' 印で示すとき，すべてのデータがその関数の周辺に分布する，破線で示すような関数 f を求めるのである．この問題は**回帰問題**

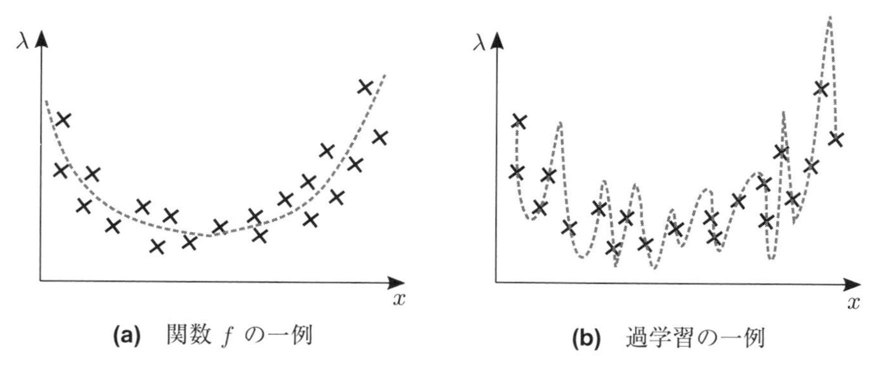

(a) 関数 f の一例　**(b)** 過学習の一例

図 0.1：回帰問題の例

とよばれる．例を示そう．一般に，一日の消費電力のピーク値 λ [W] はその日の最高気温 x [°C] に依存することが知られている．今，天気予報から明日の最高気温の予報値 x_* が得られたとき，明日の消費電力ピーク値 λ_* を予測したいとする．ここで，過去 n 日分の最高気温データ $x_1, \ldots, x_n$ と対応する消費電力ピーク値のデータ $\lambda_1, \ldots, \lambda_n$ が与えられるとする．このとき，これらのデータを用いて，x と λ を関係付ける関数 f が求まれば，

$$\lambda_* = f(x_*)$$

から明日の消費電力ピーク値 λ_* を予測することができるであろう．回帰問題の解を求める作業は**学習**の一例である．データが更新される度に繰り返し学習することで予測精度の向上が期待される．

さて，データの数は有限であるから，図 0.1 (b) に示すように，複雑な関数を使えばすべてのデータ $(x_1, \lambda_1), \ldots, (x_n, \lambda_n)$ が完全に曲線 (0.0.1) 上にのる，すなわち

$$\lambda_i = f(x_i) \quad (i = 1, \ldots, n)$$

をみたすような f は存在する．しかし，それは当初のデータに強く依存したものかもしれない．例えば，データが更新される度に全然異なる関数が出てくることも考えられる．もしそうなってしまったら，本来の目的である予測のためには相応しくない．このような状況を**過学習**という．過学習を避けるために，関数を簡単なものに制限する．仮に簡単な関数とは一次関数のことであるとすれば，この問題は簡単に解くことができるが，事態は単純ではない．例えば，消費電力のピーク値は気温の高い夏と気温の低い冬に高まることが知られており，一般にデータは図 0.1 (a) に示すようにおわん型の関数の周辺に分布する．このような場合に x と λ を一次関数 f で関係付けるのは不適切であろう．

分類問題

次に，$D = \{\boldsymbol{x}_1, \ldots, \boldsymbol{x}_n\}$ とし，各データ $\boldsymbol{x}_j$ には符号 $\lambda_j \in \{-1, +1\}$ がラベル付けされているとする．例えば，健康診断を想定すると，d 個の検査項目（腹囲，BMI, 中性脂肪など）からなる n 人分の健康診断結果があり，さらに，

検査から 10 年後の生活習慣病発症の有無が符号 ± 1 で記録されている状況を考えている．ここで，D の分割

$$D_+ = \{\boldsymbol{x}_j \in D : \lambda_j = +1\}, \quad D_- = \{\boldsymbol{x}_j \in D : \lambda_j = -1\}$$

に対し，

$$D_+ \subset \{\boldsymbol{x} \in \mathbb{R}^d : f(\boldsymbol{x}) > 0\}, \quad D_- \subset \{\boldsymbol{x} \in \mathbb{R}^d : f(\boldsymbol{x}) < 0\}$$

をみたす簡単な関数 f を見つけたい．このような問題は**分類問題**とよばれる．これができれば，まだラベル付けされていない新しいデータ $\boldsymbol{x}$ に対し $f(\boldsymbol{x})$ を求めて，$f(\boldsymbol{x})$ の符号により $\boldsymbol{x}$ のラベルの予測，すなわち将来の病気の予測を与えることができる．分類問題の解を求める作業も**学習**の一例である．回帰問題と同様に，データが更新される度に繰り返し学習することで予測精度の向上が期待される．さて，データの数は有限であるから，複雑な関数を使えば D_+ と D_- は必ず分離できるが，ここにもやはり過学習の問題が生じる．そこで f を一次関数であるとすれば，この問題は

「ユークリッド空間内に分布している点を超平面で分割できるか？」

と翻訳することができる．今，平面上のデータ D_+ と D_- をそれぞれ '○' 印および '×' 印で描画するとき，これらが**図 0.2** (a) のように分布しているの

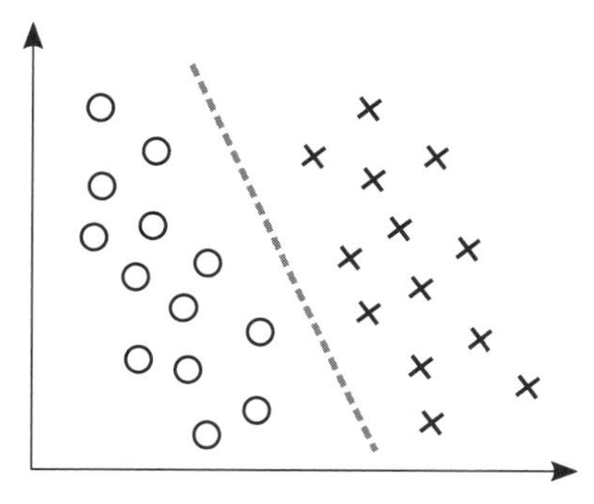

(a) 一次関数 f で分類できる場合

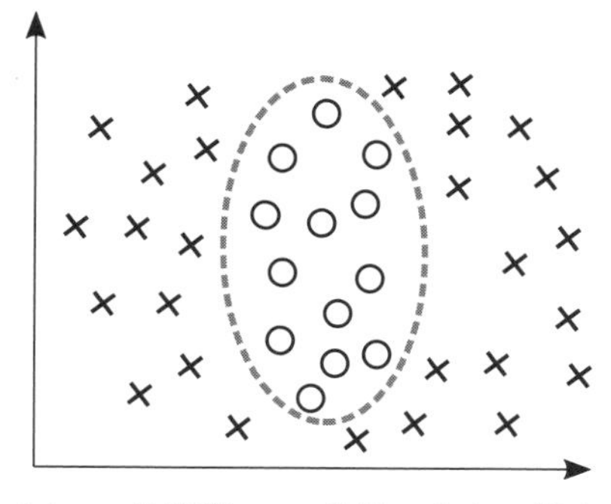

(b) 一次関数 f で分類できない場合

図 0.2：分類問題の例

であれば，一次関数 f による分離は可能である．ところが，データの分布がユークリッド空間の超平面と相性が良いとは限らない．例えば，データが図 0.2 (b) のように分布する場合にはどのように一次関数 f をとっても D_+ と D_- を分離することはできない．一次関数では単純すぎるのである．

カーネル法とは

回帰問題と分類問題にはともに，一次関数では単純すぎるが，複雑な関数を使うと過学習の問題が現れた．そこで当初の回帰問題，分類問題そのものを代入が内積で表される空間での問題に変換し，その変換した先での一次関数を考える．それが**カーネル法**である．具体的には，**カーネル関数**とよばれる関数 $k(\boldsymbol{x}, \boldsymbol{y})$ を与え，データ $\boldsymbol{x}_j$ を関数 $k_{\boldsymbol{x}_j}(\boldsymbol{x}) = k(\boldsymbol{x}, \boldsymbol{x}_j)$ に変換する．これを**カーネルトリック**とよぶ．例えば，3 つの地点 A, B, C 間の距離や角度の情報を知りたいとする [*1]．通常，我々は地点 A, B, C を地図上の位置と対応付けてから，これらの情報を知る．すなわち，それぞれの地点の地図上の位置を与える写像 Φ を用いて，$\Phi(A), \Phi(B), \Phi(C)$ 間の距離や角度を A, B, C 間の距離や角度とするのである．距離や角度は内積によって測られることに注意すれば，距離や角度を考えることは $\{A, B, C\}$ に内積を与えることに相当する．第 4 章で詳しく解説するが，この考えを一般化すればカーネル関数が自然に現れる．実際，$\langle \cdot, \cdot \rangle_{\mathbb{R}^2}$ を $\mathbb{R}^2$ の通常の内積とすれば，$\Phi : \{A, B, C\} \to \mathbb{R}^2$ がどのような変換であっても

$$k(x, y) = \langle \Phi(x), \Phi(y) \rangle_{\mathbb{R}^2} \quad (x, y \in \{A, B, C\})$$

は $\{A, B, C\}$ 上のカーネル関数である．カーネル関数を取り換えれば，回帰問題，分類問題の解を様々な関数から選ぶことができる．さらに，本書ではほとんど触れることができないが，カーネルトリックにより計算量が増えることもない．これもカーネル法の特徴である．

*1　この例えは荷見守助先生（茨城大学名誉教授）にアイデアをいただいたものである．

本書の構成

本書では理工系学部の標準的な数学の知識を前提に「機械学習のための関数解析入門」と題してカーネル法の理論と応用の解説を試みる．第1章では内積の計算を中心に線形代数の復習をしよう．第2章では，フーリエ解析と複素解析からいくつかの事実を認めて，内積の数学としてのフーリエ解析を解説する．第3章ではヒルベルト空間の基礎理論を解説する．ヒルベルト空間とは，第1章と第2章の数学に共通した構造を抽出した概念である．ここで抽象的な内積の計算に慣れてしまえば，カーネル法の理解は難しいことではない．第4章ではカーネル法の基礎を，理論と応用を交えて解説する．第5章ではカーネル法の発展編としてガウス過程回帰を解説する．ここで数学の枠を超えた本格的な応用を紹介しよう．付録では，本書を読む上で知っておくと便利なことや，少々進んだ話題をまとめた．さて，本書の読み方であるが，目的や事前の知識の量に依り，様々な道筋が考えられる．例えば，カーネル法を手短に知りたい場合，第1章から第4章，第5章と進むことが可能であろう．また，半期の講義で使用する際は，第1章，第3章，第4章を中心としたコースが適当であろう．数学や情報科学専攻の学生には，卒業研究などでの通読を勧めたい．

機械学習は工学と数学の境界に位置するため，本書執筆中に著者自身が新たに学んだことは多い．そのため構想は今も広がり続けているのだが，本書全体のまとまりを考えて今回は見送ったテーマがいくつかある．例えば，第4章と第5章にていくつかの応用は紹介したものの，本書だけでは実践的な応用力は身につかないだろう．また，機械学習は人工知能との関連で世間に注目されたが，システム制御をはじめとする工学一般での応用を外すことはできない．今回扱うことができなかったこれらのテーマについては，応用編として近い将来にまとめたい．

最後に，本書の完成までに多くの方々のお世話になりました．本書執筆のきっかけとなる機会を提供してくれたのは広島工業大学の谷口哲至氏です．伊吹賢一氏と防衛大学校の土田兼治氏は初期の原稿を精読し，多くの誤りや読みづらさを指摘し，改善を提案してくれました．茨城大学名誉教授の荷見守助先生には，原稿だけでなく，本書の計画全体について継続的な助言と励ましをいただきました．そして，本書の出版にあたっては，内田老鶴圃社長内田学氏，同社編集部笠井千代樹氏，生天目悠也氏に大変お世話になりました．皆様に厚くお礼を申し上げます．

2021 年 2 月

著者

目　次

第1章 内積の数学1（線形代数）

線形代数の復習から始めよう．$\mathbb{R}^n$ を n 次元**ユークリッド空間**とする．例えば，$\mathbb{R}^1$ は直線であり，$\mathbb{R}^2$ は平面であり，$\mathbb{R}^3$ は3次元空間である．本書では，$\mathbb{R}^n$ のベクトルを $\boldsymbol{x}$ や $\boldsymbol{y}$ のような太字で表し，座標成分表示するときは

$$\boldsymbol{x} = \begin{pmatrix} x_1 \\ \vdots \\ x_n \end{pmatrix}$$

のように縦ベクトルで表す．また，$\boldsymbol{x}$ が $\mathbb{R}^n$ のベクトルであることを，点とベクトルとを区別しないで簡単に $\boldsymbol{x} \in \mathbb{R}^n$ と表す．

1.1 内積

高校の数学では平面ベクトル $\boldsymbol{x}, \boldsymbol{y}$ に対し，$\boldsymbol{x}$ と $\boldsymbol{y}$ の内積を

$$\boldsymbol{x} \cdot \boldsymbol{y} = |\boldsymbol{x}|\ |\boldsymbol{y}| \cos\theta \tag{1.1.1}$$

と定めた．ここで，$|\boldsymbol{x}|$ と $|\boldsymbol{y}|$ は $\boldsymbol{x}$ と $\boldsymbol{y}$ それぞれの大きさであり，θ は $\boldsymbol{x}$ と $\boldsymbol{y}$ のなす角である．特に，$\boldsymbol{x}$ と $\boldsymbol{y}$ が直交することを，$\boldsymbol{x} \cdot \boldsymbol{y} = 0$ と表すことができる．次に，座標を導入して，

$$\boldsymbol{x} = \begin{pmatrix} x_1 \\ x_2 \end{pmatrix}, \quad \boldsymbol{y} = \begin{pmatrix} y_1 \\ y_2 \end{pmatrix}$$

と座標成分表示し，余弦定理を用いると，

$$\boldsymbol{x} \cdot \boldsymbol{y} = x_1 y_1 + x_2 y_2 \tag{1.1.2}$$

を示すことができる．(1.1.2) の利点は，角度を表に出さず，ベクトル成分の足し算と掛け算だけで内積が計算できることにある．特に，直交性を確認する際には便利であった．

実は，(1.1.2) により内積を定めて理論を展開することもできる．これからそれを見ていこう．$\mathbb{R}^n$ の二つのベクトル

$$\boldsymbol{x} = \begin{pmatrix} x_1 \\ \vdots \\ x_n \end{pmatrix}, \quad \boldsymbol{y} = \begin{pmatrix} y_1 \\ \vdots \\ y_n \end{pmatrix}$$

に対し，$\boldsymbol{x}$ と $\boldsymbol{y}$ の**内積** $\langle \boldsymbol{x}, \boldsymbol{y} \rangle$ を

$$\langle \boldsymbol{x}, \boldsymbol{y} \rangle = x_1 y_1 + \cdots + x_n y_n = \sum_{j=1}^{n} x_j y_j \tag{1.1.3}$$

と定める．また，$\boldsymbol{x}$ の**ノルム** $\|\boldsymbol{x}\|$ を

$$\|\boldsymbol{x}\| = \sqrt{x_1^2 + \cdots + x_n^2} = \sqrt{\langle \boldsymbol{x}, \boldsymbol{x} \rangle}$$

により定める．ノルムとは，要するに点 $\boldsymbol{x}$ と原点との間の距離であり，同じことであるが，$\boldsymbol{x}$ のベクトルとしての大きさのことである．高校ではベクトル $\boldsymbol{x}$ の大きさを $|\boldsymbol{x}|$ と表していたが，これからは $\|\boldsymbol{x}\|$ と表すのである．また，二つのベクトル $\boldsymbol{x}$ と $\boldsymbol{y}$ に対し，$\langle \boldsymbol{x}, \boldsymbol{y} \rangle = 0$ が成り立つとき，$\boldsymbol{x}$ と $\boldsymbol{y}$ が**直交**するというのはこれまでと同様である．

内積の定め方 (1.1.3) は，足し算と掛け算から構成されていることに注目すれば，足し算と掛け算で成り立っていた計算方法はそのまま内積でも通用する．

例題 1.1.1.　任意の $\boldsymbol{x}, \boldsymbol{y}, \boldsymbol{z} \in \mathbb{R}^n$ と $\alpha \in \mathbb{R}$ に対し，

(i)　$\langle \boldsymbol{x}, \boldsymbol{y} + \boldsymbol{z} \rangle = \langle \boldsymbol{x}, \boldsymbol{y} \rangle + \langle \boldsymbol{x}, \boldsymbol{z} \rangle, \quad \langle \boldsymbol{x} + \boldsymbol{y}, \boldsymbol{z} \rangle = \langle \boldsymbol{x}, \boldsymbol{z} \rangle + \langle \boldsymbol{y}, \boldsymbol{z} \rangle$

(ii)　$\langle \alpha \boldsymbol{x}, \boldsymbol{y} \rangle = \alpha \langle \boldsymbol{x}, \boldsymbol{y} \rangle = \langle \boldsymbol{x}, \alpha \boldsymbol{y} \rangle$

(iii)　$\langle \boldsymbol{x}, \boldsymbol{y} \rangle = \langle \boldsymbol{y}, \boldsymbol{x} \rangle$

(iv)　$\|\boldsymbol{x}\| = 0 \Leftrightarrow \boldsymbol{x} = \boldsymbol{0}$

(v)　$\|\boldsymbol{x} + \boldsymbol{y}\|^2 = \|\boldsymbol{x}\|^2 + 2\langle \boldsymbol{x}, \boldsymbol{y} \rangle + \|\boldsymbol{y}\|^2$

が成り立つことを示せ．ここで，$\mathbf{0}$ は零ベクトルとする．

解答 (i), (ii), (iii) は

$$\boldsymbol{x} = \begin{pmatrix} x_1 \\ \vdots \\ x_n \end{pmatrix}, \quad \boldsymbol{y} = \begin{pmatrix} y_1 \\ \vdots \\ y_n \end{pmatrix}, \quad \boldsymbol{z} = \begin{pmatrix} z_1 \\ \vdots \\ z_n \end{pmatrix}$$

とおいて，ていねいに書き換えればよい．例えば，(i) の前半は

$$\begin{aligned} \langle \boldsymbol{x}, \boldsymbol{y} + \boldsymbol{z} \rangle &= \sum_{j=1}^{n} x_j (y_j + z_j) \\ &= \sum_{j=1}^{n} (x_j y_j + x_j z_j) \\ &= \sum_{j=1}^{n} x_j y_j + \sum_{j=1}^{n} x_j z_j \\ &= \langle \boldsymbol{x}, \boldsymbol{y} \rangle + \langle \boldsymbol{x}, \boldsymbol{z} \rangle \end{aligned}$$

と計算すればよい．(iv) は自明であろう．(v) は (i), (iii) を用いて，

$$\begin{aligned} \|\boldsymbol{x} + \boldsymbol{y}\|^2 &= \langle \boldsymbol{x} + \boldsymbol{y}, \boldsymbol{x} + \boldsymbol{y} \rangle \\ &= \langle \boldsymbol{x}, \boldsymbol{x} \rangle + \langle \boldsymbol{x}, \boldsymbol{y} \rangle + \langle \boldsymbol{y}, \boldsymbol{x} \rangle + \langle \boldsymbol{y}, \boldsymbol{y} \rangle \\ &= \langle \boldsymbol{x}, \boldsymbol{x} \rangle + \langle \boldsymbol{x}, \boldsymbol{y} \rangle + \langle \boldsymbol{x}, \boldsymbol{y} \rangle + \langle \boldsymbol{y}, \boldsymbol{y} \rangle \\ &= \|\boldsymbol{x}\|^2 + 2\langle \boldsymbol{x}, \boldsymbol{y} \rangle + \|\boldsymbol{y}\|^2 \end{aligned}$$

と計算すればよい． □

定理 1.1.2（コーシー・シュワルツの不等式）． 任意の $\boldsymbol{x}, \boldsymbol{y} \in \mathbb{R}^n$ に対し，

$$|\langle \boldsymbol{x}, \boldsymbol{y} \rangle| \leq \|\boldsymbol{x}\| \|\boldsymbol{y}\|$$

が成り立つ．

証明 (1.1.1) の定め方では，コーシー・シュワルツの不等式は自明である．しかし，今は (1.1.3) により内積を定めたので，少々工夫する必要がある．まず，任意の実数 t に対し，

$$
\begin{aligned}
0 \le \|t\boldsymbol{x}+\boldsymbol{y}\|^2 &= \langle t\boldsymbol{x}+\boldsymbol{y}, t\boldsymbol{x}+\boldsymbol{y}\rangle \\
&= t^2\|\boldsymbol{x}\|^2 + 2t\langle \boldsymbol{x}, \boldsymbol{y}\rangle + \|\boldsymbol{y}\|^2
\end{aligned}
$$

が成り立つことに着目すれば，t を変数とする二次関数の不等式

$$\|\boldsymbol{x}\|^2 t^2 + 2\langle \boldsymbol{x}, \boldsymbol{y}\rangle t + \|\boldsymbol{y}\|^2 \ge 0$$

が得られる．このとき，二次方程式 $\|\boldsymbol{x}\|^2 t^2 + 2\langle \boldsymbol{x}, \boldsymbol{y}\rangle t + \|\boldsymbol{y}\|^2 = 0$ の判別式を考えると，

$$(\langle \boldsymbol{x}, \boldsymbol{y}\rangle)^2 - \|\boldsymbol{x}\|^2\|\boldsymbol{y}\|^2 \le 0$$

を得る．従って，

$$|\langle \boldsymbol{x}, \boldsymbol{y}\rangle| \le \|\boldsymbol{x}\|\|\boldsymbol{y}\|$$

が成り立つことがわかった．　□

例題 1.1.3（三角不等式）．　任意の $\boldsymbol{x}, \boldsymbol{y} \in \mathbb{R}^n$ に対し，

$$\|\boldsymbol{x}+\boldsymbol{y}\| \le \|\boldsymbol{x}\| + \|\boldsymbol{y}\|$$

が成り立つことを示せ．

解答　コーシー・シュワルツの不等式から

$$
\begin{aligned}
&(\|\boldsymbol{x}\| + \|\boldsymbol{y}\|)^2 - \|\boldsymbol{x}+\boldsymbol{y}\|^2 \\
&= \|\boldsymbol{x}\|^2 + \|\boldsymbol{y}\|^2 + 2\|\boldsymbol{x}\|\|\boldsymbol{y}\| - (\|\boldsymbol{x}\|^2 + \|\boldsymbol{y}\|^2 + 2\langle \boldsymbol{x}, \boldsymbol{y}\rangle) \\
&= 2(\|\boldsymbol{x}\|\|\boldsymbol{y}\| - \langle \boldsymbol{x}, \boldsymbol{y}\rangle) \ge 0
\end{aligned}
$$

が成り立つ．ここから，

$$\|\boldsymbol{x}+\boldsymbol{y}\| \le \|\boldsymbol{x}\| + \|\boldsymbol{y}\|$$

が導かれる．　□

$\boldsymbol{x} \ne \boldsymbol{0}$ かつ $\boldsymbol{y} \ne \boldsymbol{0}$ のとき，コーシー・シュワルツの不等式から，

$$-1 \le \frac{\langle \boldsymbol{x}, \boldsymbol{y}\rangle}{\|\boldsymbol{x}\|\|\boldsymbol{y}\|} \le 1$$

が成り立つことがわかる．従って，

$$\cos\theta = \frac{\langle \boldsymbol{x}, \boldsymbol{y} \rangle}{\|\boldsymbol{x}\|\|\boldsymbol{y}\|} \quad (0 \le \theta \le \pi)$$

と考えれば，(1.1.3) から (1.1.1) を導くことができる．特に，$\boldsymbol{x}$ と $\boldsymbol{y}$ が (1.1.3) の意味で直交することと，$\boldsymbol{x}$ と $\boldsymbol{y}$ が幾何的に直交していることは同値である．この議論は，一見距離や角度の概念があるようには見えない空間にも，(1.1.3) の形式で内積が定められれば，距離と角度を導入できることを示唆する．

1.2　正規直交基底

$\boldsymbol{x}_1, \dots, \boldsymbol{x}_d$ を $\mathbb{R}^n$ のベクトルとし，

$$\mathcal{M} = \mathcal{M}(\boldsymbol{x}_1, \dots, \boldsymbol{x}_d) = \left\{ \sum_{j=1}^{d} c_j \boldsymbol{x}_j : c_j \in \mathbb{R}\ (j = 1, \dots, d) \right\}$$

とおこう．すなわち，$\mathcal{M} = \mathcal{M}(\boldsymbol{x}_1, \dots, \boldsymbol{x}_d)$ は $\boldsymbol{x}_1, \dots, \boldsymbol{x}_d$ の線形結合で表されるベクトルの全体である．$\mathcal{M}$ を $\{\boldsymbol{x}_1, \dots, \boldsymbol{x}_d\}$ で張られる空間とよぶこともある．また，

$$\sum_{j=1}^{d} c_j \boldsymbol{x}_j = \boldsymbol{0} \Rightarrow c_1 = \cdots = c_d = 0$$

が成り立つとき，$\{\boldsymbol{x}_1, \dots, \boldsymbol{x}_d\}$ は**線形独立**であるという．$\{\boldsymbol{x}_1, \dots, \boldsymbol{x}_d\}$ が線形独立なとき，$\mathcal{M}$ のベクトルの表し方は一通りしかないことを注意しておこう．実際，

$$\sum_{j=1}^{d} a_j \boldsymbol{x}_j = \sum_{j=1}^{d} b_j \boldsymbol{x}_j$$

のとき，

$$\sum_{j=1}^{d} (a_j - b_j) \boldsymbol{x}_j = \sum_{j=1}^{d} a_j \boldsymbol{x}_j - \sum_{j=1}^{d} b_j \boldsymbol{x}_j = \boldsymbol{0}$$

であるから，$\{\boldsymbol{x}_1, \dots, \boldsymbol{x}_d\}$ の線形独立性により，$a_j - b_j = 0\ (j = 1, \dots, d)$，すなわち $a_j = b_j\ (j = 1, \dots, d)$ が成り立つ．よって，$\{\boldsymbol{x}_1, \dots, \boldsymbol{x}_d\}$ による $\mathcal{M}$ のベクトルの表し方は一通りしかない．

さて，$\{\boldsymbol{x}_1, \ldots, \boldsymbol{x}_d\}$ が線形独立でないとき，線形独立になるように $\{\boldsymbol{x}_1, \ldots, \boldsymbol{x}_d\}$ からベクトルを一つずつ除いていけばよいので，この節では $\{\boldsymbol{x}_1, \ldots, \boldsymbol{x}_d\}$ は線形独立と仮定する．このとき，$\{\boldsymbol{x}_1, \ldots, \boldsymbol{x}_d\}$ は $\mathcal{M}$ の**基底**とよばれる．$\mathcal{M}$ の基底には複数の選択肢があることに注意しよう．例えば，$\{\boldsymbol{x}_1, \boldsymbol{x}_2\}$ が線形独立のとき，$\{\boldsymbol{x}_1 + \boldsymbol{x}_2, \boldsymbol{x}_1 - \boldsymbol{x}_2\}$ も線形独立であり，

$$\mathcal{M}(\boldsymbol{x}_1, \boldsymbol{x}_2) = \mathcal{M}(\boldsymbol{x}_1 + \boldsymbol{x}_2, \boldsymbol{x}_1 - \boldsymbol{x}_2)$$

が成り立つ．従って，$\{\boldsymbol{x}_1 + \boldsymbol{x}_2, \boldsymbol{x}_1 - \boldsymbol{x}_2\}$ も $\mathcal{M}(\boldsymbol{x}_1, \boldsymbol{x}_2)$ の基底である．基底をなすベクトルの個数は基底の選び方に依らず一定である．この個数 d を $\mathcal{M}$ の**次元**とよび，$\dim \mathcal{M} = d$ と表す．特に，$d = \dim \mathcal{M} \leq \dim \mathbb{R}^n = n$ が成り立つ．以上のことは，線形代数の重要な結果であった．

これから，

$$\langle \boldsymbol{e}_i, \boldsymbol{e}_j \rangle = \begin{cases} 1 & (i = j) \\ 0 & (i \neq j) \end{cases}$$

をみたす $\mathcal{M}$ の基底 $\{\boldsymbol{e}_1, \ldots, \boldsymbol{e}_d\}$ を構成しよう．試しに，$d = 3$ の場合を考えよう．

$$\begin{aligned} \boldsymbol{e}_1 &= \frac{\boldsymbol{x}_1}{\|\boldsymbol{x}_1\|} \\ \boldsymbol{x}_2' &= \boldsymbol{x}_2 - \langle \boldsymbol{x}_2, \boldsymbol{e}_1 \rangle \boldsymbol{e}_1 \\ \boldsymbol{e}_2 &= \frac{\boldsymbol{x}_2'}{\|\boldsymbol{x}_2'\|} \\ \boldsymbol{x}_3' &= \boldsymbol{x}_3 - \langle \boldsymbol{x}_3, \boldsymbol{e}_1 \rangle \boldsymbol{e}_1 - \langle \boldsymbol{x}_3, \boldsymbol{e}_2 \rangle \boldsymbol{e}_2 \\ \boldsymbol{e}_3 &= \frac{\boldsymbol{x}_3'}{\|\boldsymbol{x}_3'\|} \end{aligned}$$

と $\boldsymbol{e}_1, \boldsymbol{e}_2, \boldsymbol{e}_3$ を定める．$\{\boldsymbol{x}_1, \boldsymbol{x}_2, \boldsymbol{x}_3\}$ の線形独立性から，$\boldsymbol{x}_2' \neq \boldsymbol{0}$ かつ $\boldsymbol{x}_3' \neq \boldsymbol{0}$ であることに注意しよう．また，$\boldsymbol{e}_1$, $\boldsymbol{e}_2$, $\boldsymbol{e}_3$ は $\boldsymbol{x}_1$, $\boldsymbol{x}_2$, $\boldsymbol{x}_3$ の線形結合として定められているので，$\boldsymbol{e}_1$, $\boldsymbol{e}_2$, $\boldsymbol{e}_3$ は $\mathcal{M}$ のベクトルである．一方，上の手順をよく見れば，$\boldsymbol{x}_1$, $\boldsymbol{x}_2$, $\boldsymbol{x}_3$ は $\boldsymbol{e}_1$, $\boldsymbol{e}_2$, $\boldsymbol{e}_3$ の線形結合で表されることもわかる．よって，

$$\mathcal{M}(\boldsymbol{x}_1, \boldsymbol{x}_2, \boldsymbol{x}_3) = \mathcal{M}(\boldsymbol{e}_1, \boldsymbol{e}_2, \boldsymbol{e}_3)$$

が成り立つ．$\|\boldsymbol{e}_1\| = \|\boldsymbol{e}_2\| = \|\boldsymbol{e}_3\| = 1$ はその定め方から明らかであり，さらに，

$$\langle \boldsymbol{x}_2', \boldsymbol{e}_1 \rangle = \langle \boldsymbol{x}_2 - \langle \boldsymbol{x}_2, \boldsymbol{e}_1 \rangle \boldsymbol{e}_1, \boldsymbol{e}_1 \rangle = \langle \boldsymbol{x}_2, \boldsymbol{e}_1 \rangle - \langle \boldsymbol{x}_2, \boldsymbol{e}_1 \rangle = 0$$

を得る．同様に

$$\langle \boldsymbol{x}_3', \boldsymbol{e}_1 \rangle = 0, \quad \langle \boldsymbol{x}_3', \boldsymbol{e}_2 \rangle = 0$$

も確かめることができる．よって，

$$\langle \boldsymbol{e}_i, \boldsymbol{e}_j \rangle = \begin{cases} 1 & (i = j) \\ 0 & (i \neq j) \end{cases}$$

が成り立つ．一般の d のときは，$\ell > 1$ に対し，

$$\boldsymbol{x}_\ell' = \boldsymbol{x}_\ell - \sum_{j=1}^{\ell-1} \langle \boldsymbol{x}_\ell, \boldsymbol{e}_j \rangle \boldsymbol{e}_j$$

$$\boldsymbol{e}_\ell = \frac{\boldsymbol{x}_\ell'}{\|\boldsymbol{x}_\ell'\|}$$

と定めればよい．この手順を**グラム・シュミットの直交化法**という．また，ここで構成した $\{\boldsymbol{e}_1, \ldots, \boldsymbol{e}_d\}$ は，$\mathcal{M}$ の**正規直交基底**とよばれる．もちろん，$\mathcal{M}$ の正規直交基底にも複数の選び方がある．

例題 1.2.1.　$\{\boldsymbol{e}_1, \ldots, \boldsymbol{e}_d\}$ を $\mathcal{M}$ の正規直交基底とし，$\boldsymbol{x}, \boldsymbol{y} \in \mathcal{M}$ に対し，

$$\boldsymbol{x} = \sum_{j=1}^{d} a_j \boldsymbol{e}_j, \quad \boldsymbol{y} = \sum_{j=1}^{d} b_j \boldsymbol{e}_j$$

と表す．このとき，

(i)　$\langle \boldsymbol{x}, \boldsymbol{e}_j \rangle = a_j$

(ii)　$\|\boldsymbol{x}\|^2 = \sum_{j=1}^{d} a_j^2 = \sum_{j=1}^{d} (\langle \boldsymbol{x}, \boldsymbol{e}_j \rangle)^2$

(iii)　$\langle \boldsymbol{x}, \boldsymbol{y} \rangle = \sum_{j=1}^{d} a_j b_j = \sum_{j=1}^{d} \langle \boldsymbol{x}, \boldsymbol{e}_j \rangle \langle \boldsymbol{y}, \boldsymbol{e}_j \rangle$

が成り立つことを示せ．

解答　(i) は

$$\langle \boldsymbol{x}, \boldsymbol{e}_j \rangle = \left\langle \sum_{i=1}^{d} a_i \boldsymbol{e}_i, \boldsymbol{e}_j \right\rangle = \sum_{i=1}^{d} a_i \langle \boldsymbol{e}_i, \boldsymbol{e}_j \rangle = a_j$$

と示すことができる．次に，

$$\|\boldsymbol{x}\|^2 = \langle \boldsymbol{x}, \boldsymbol{x} \rangle = \left\langle \sum_{i=1}^{d} a_i \boldsymbol{e}_i, \sum_{j=1}^{d} a_j \boldsymbol{e}_j \right\rangle = \sum_{i,j=1}^{d} a_i a_j \langle \boldsymbol{e}_i, \boldsymbol{e}_j \rangle = \sum_{j=1}^{d} a_j^2$$

が成り立つ．よって，(i) と合わせて，(ii) を得る．(iii) も同様に示すことができる．　□

1.3　直交射影

前節の設定を引き継ぎ，$\{\boldsymbol{e}_1, \ldots, \boldsymbol{e}_d\}$ を $\mathcal{M}$ の正規直交基底とする．このとき，$\mathbb{R}^n$ から $\mathcal{M}$ への写像 P を

$$P\boldsymbol{x} = \sum_{j=1}^{d} \langle \boldsymbol{x}, \boldsymbol{e}_j \rangle \boldsymbol{e}_j \quad (\boldsymbol{x} \in \mathbb{R}^n) \tag{1.3.1}$$

と定める．この P の性質を調べよう．まず，P は線形写像である．すなわち，

$$P(\alpha \boldsymbol{x} + \beta \boldsymbol{y}) = \alpha P\boldsymbol{x} + \beta P\boldsymbol{y} \quad (\boldsymbol{x}, \boldsymbol{y} \in \mathbb{R}^n,\ \alpha, \beta \in \mathbb{R})$$

が成り立つ．実際，

$$\begin{aligned} P(\alpha \boldsymbol{x} + \beta \boldsymbol{y}) &= \sum_{j=1}^{d} \langle \alpha \boldsymbol{x} + \beta \boldsymbol{y}, \boldsymbol{e}_j \rangle \boldsymbol{e}_j \\ &= \sum_{j=1}^{d} (\alpha \langle \boldsymbol{x}, \boldsymbol{e}_j \rangle + \beta \langle \boldsymbol{y}, \boldsymbol{e}_j \rangle) \boldsymbol{e}_j \end{aligned}$$

$$= \alpha \sum_{j=1}^{d} \langle \boldsymbol{x}, \boldsymbol{e}_j \rangle \boldsymbol{e}_j + \beta \sum_{j=1}^{d} \langle \boldsymbol{y}, \boldsymbol{e}_j \rangle \boldsymbol{e}_j$$
$$= \alpha P\boldsymbol{x} + \beta P\boldsymbol{y}$$

と確認できる.

例題 1.3.1. (1.3.1) で定めた P に対し,

(i) $\langle P\boldsymbol{x}, \boldsymbol{y} \rangle = \langle \boldsymbol{x}, P\boldsymbol{y} \rangle \quad (\boldsymbol{x}, \boldsymbol{y} \in \mathbb{R}^n)$

(ii) $P\boldsymbol{x} = \boldsymbol{x} \quad (\boldsymbol{x} \in \mathcal{M})$

(iii) $P(P\boldsymbol{x}) = P\boldsymbol{x} \quad (\boldsymbol{x} \in \mathbb{R}^n)$

が成り立つことを示せ.

解答 まず，任意の $\boldsymbol{x}, \boldsymbol{y} \in \mathbb{R}^n$ に対し,

$$\langle P\boldsymbol{x}, \boldsymbol{y} \rangle = \left\langle \sum_{j=1}^{d} \langle \boldsymbol{x}, \boldsymbol{e}_j \rangle \boldsymbol{e}_j, \boldsymbol{y} \right\rangle = \sum_{j=1}^{d} \langle \boldsymbol{x}, \boldsymbol{e}_j \rangle \langle \boldsymbol{e}_j, \boldsymbol{y} \rangle$$

が成り立つ．同様にして,

$$\langle \boldsymbol{x}, P\boldsymbol{y} \rangle = \sum_{j=1}^{d} \langle \boldsymbol{x}, \boldsymbol{e}_j \rangle \langle \boldsymbol{e}_j, \boldsymbol{y} \rangle$$

が成り立つことがわかる．よって，(i) を得る．次に，例題 1.2.1 から $\boldsymbol{x} \in \mathcal{M}$ は

$$\boldsymbol{x} = \sum_{j=1}^{d} \langle \boldsymbol{x}, \boldsymbol{e}_j \rangle \boldsymbol{e}_j$$

と表されるが，これは (ii) が成り立つことを意味する．最後に (iii) を示そう．任意の $\boldsymbol{x} \in \mathbb{R}^n$ に対し，P の定め方から $P\boldsymbol{x} \in \mathcal{M}$ である．よって，(ii) により，$P(P\boldsymbol{x}) = P\boldsymbol{x}$ が成り立つことがわかる． □

次に，$\mathcal{M}$ に対し,

$$\mathcal{M}^{\perp} = \{\boldsymbol{y} \in \mathbb{R}^n : \langle \boldsymbol{x}, \boldsymbol{y} \rangle = 0 \ (\boldsymbol{x} \in \mathcal{M})\}$$

と定める．すなわち，$\mathcal{M}^\perp$ は $\mathcal{M}$ と直交するベクトルの全体である．このとき，任意の $\boldsymbol{x} \in \mathcal{M}$，$\boldsymbol{y}, \boldsymbol{z} \in \mathcal{M}^\perp$，$\alpha, \beta \in \mathbb{R}$ に対し，

$$\langle \boldsymbol{x}, \alpha \boldsymbol{y} + \beta \boldsymbol{z} \rangle = \alpha \langle \boldsymbol{x}, \boldsymbol{y} \rangle + \beta \langle \boldsymbol{x}, \boldsymbol{z} \rangle = 0$$

が成り立つ．よって，$\alpha \boldsymbol{y} + \beta \boldsymbol{z} \in \mathcal{M}^\perp$ であり，$\mathcal{M}^\perp$ はベクトル空間である．次に，$\boldsymbol{x} \in \mathcal{M} \cap \mathcal{M}^\perp$ としよう．このとき，

$$\|\boldsymbol{x}\|^2 = \langle \boldsymbol{x}, \boldsymbol{x} \rangle = 0$$

が成り立つ．よって，$\boldsymbol{x} = \boldsymbol{0}$ であり，$\mathcal{M} \cap \mathcal{M}^\perp = \{\boldsymbol{0}\}$ を得る．$\mathcal{M}^\perp$ は $\mathcal{M}$ の**直交補空間**とよばれる．

さて，例題 1.3.1 で示したことから，任意の $\boldsymbol{z} \in \mathcal{M}$ に対し，

$$\begin{aligned}\langle \boldsymbol{z}, \boldsymbol{x} - P\boldsymbol{x} \rangle &= \langle \boldsymbol{z}, \boldsymbol{x} \rangle - \langle \boldsymbol{z}, P\boldsymbol{x} \rangle = \langle \boldsymbol{z}, \boldsymbol{x} \rangle - \langle P\boldsymbol{z}, \boldsymbol{x} \rangle \\ &= \langle \boldsymbol{z}, \boldsymbol{x} \rangle - \langle \boldsymbol{z}, \boldsymbol{x} \rangle = 0\end{aligned}$$

が成り立つ．よって，$\boldsymbol{x} - P\boldsymbol{x} \in \mathcal{M}^\perp$ であり，$\boldsymbol{x} = P\boldsymbol{x} + (\boldsymbol{x} - P\boldsymbol{x})$ は $\boldsymbol{x}$ の直交分解を与えることがわかる（**図 1.1**）．特に，

$$\|\boldsymbol{x}\|^2 = \|P\boldsymbol{x}\|^2 + \|\boldsymbol{x} - P\boldsymbol{x}\|^2 \quad \text{（三平方の定理）}$$

が成り立つ．P は $\mathcal{M}$ の上への**直交射影**とよばれる [*1]．最後に，直交分解の一意性について触れておこう．今，$\boldsymbol{x} \in \mathbb{R}^n$ が $\boldsymbol{x} = \boldsymbol{x}_1 + \boldsymbol{x}_2 = \boldsymbol{x}'_1 + \boldsymbol{x}'_2$ と二通

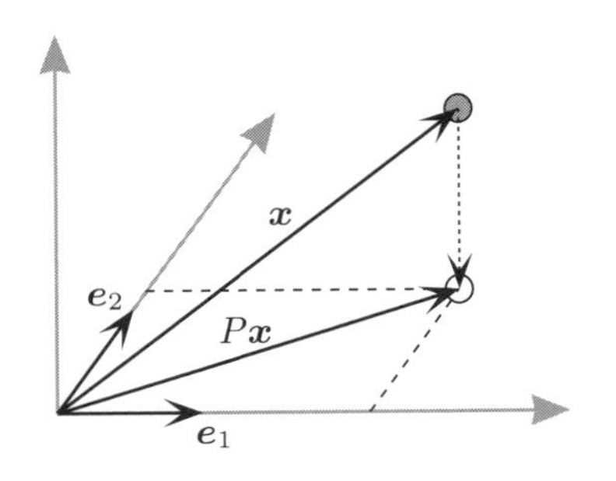

図 1.1：$\boldsymbol{e}_1$，$\boldsymbol{e}_2$ で張られる空間への $\boldsymbol{x}$ の直交射影

*1　幾何学的には，P は $\mathcal{M}$ の正規直交基底に依らず定められるべきものである．定理 3.3.5 でもう一度考察する．

りに表されたとしよう．ここで，$\boldsymbol{x}_1, \boldsymbol{x}'_1 \in \mathcal{M}, \boldsymbol{x}_2, \boldsymbol{x}'_2 \in \mathcal{M}^\perp$ を仮定している．このとき，$\boldsymbol{x}_1 - \boldsymbol{x}'_1 = \boldsymbol{x}'_2 - \boldsymbol{x}_2$ である．今，$\boldsymbol{x}_1 - \boldsymbol{x}'_1 \in \mathcal{M}$ かつ $\boldsymbol{x}'_2 - \boldsymbol{x}_2 \in \mathcal{M}^\perp$ が成り立つので，$\boldsymbol{x}_1 - \boldsymbol{x}'_1 = \boldsymbol{x}'_2 - \boldsymbol{x}_2 = \boldsymbol{0}$ を得る．よって，$\boldsymbol{x}_1 = \boldsymbol{x}'_1, \boldsymbol{x}_2 = \boldsymbol{x}'_2$ が成り立つ．すなわち，直交分解は一意である．直交分解の一意性により，P の定義は $\mathcal{M}$ の正規直交基底の選び方に依らないことがわかる．

1.4　対称行列

実数を成分とする n 次正方行列

$$A = \begin{pmatrix} a_{11} & a_{12} & \cdots & a_{1n} \\ a_{21} & a_{22} & \cdots & a_{2n} \\ \vdots & \vdots & \ddots & \vdots \\ a_{n1} & a_{n2} & \cdots & a_{nn} \end{pmatrix}$$

を考えよう．本書では $A = (a_{ij})$ と簡単に表すことも多い．$A = (a_{ij})$ に対し，a_{ij} と a_{ji} を入れ換えた行列を $A^\top$ と表し，A の**転置行列**とよぶ．すなわち，

$$A^\top = \begin{pmatrix} a_{11} & a_{21} & \cdots & a_{n1} \\ a_{12} & a_{22} & \cdots & a_{n2} \\ \vdots & \vdots & \ddots & \vdots \\ a_{1n} & a_{2n} & \cdots & a_{nn} \end{pmatrix}$$

である．転置の記号をベクトルに用いて，

$$\boldsymbol{x} = \begin{pmatrix} x_1 \\ \vdots \\ x_n \end{pmatrix}$$

を $\boldsymbol{x} = (x_1, \ldots, x_n)^\top$ と表してもよい．横ベクトルを表すとき $(x_1, \ldots, x_n)$ と書くことが多いが，コンマを省き行列として $(x_1 \ \cdots \ x_n)$ と書くこともある．これは慣習である．例えば，内積を

$$\langle \boldsymbol{x}, \boldsymbol{y} \rangle = x_1 y_1 + \cdots + x_n y_n = \begin{pmatrix} y_1 & \cdots & y_n \end{pmatrix} \begin{pmatrix} x_1 \\ \vdots \\ x_n \end{pmatrix} = \boldsymbol{y}^\top \boldsymbol{x}$$

と表してもよい．

次に，転置行列と内積との関係を確認しておこう．

$$A = \begin{pmatrix} a_{11} & \cdots & a_{1n} \\ \vdots & \ddots & \vdots \\ a_{n1} & \cdots & a_{nn} \end{pmatrix}, \quad \boldsymbol{x} = \begin{pmatrix} x_1 \\ \vdots \\ x_n \end{pmatrix}, \quad \boldsymbol{y} = \begin{pmatrix} y_1 \\ \vdots \\ y_n \end{pmatrix}$$

とおく．このとき，添え字の処理に注意しながら計算すれば，

$$\begin{aligned} \langle A\boldsymbol{x}, \boldsymbol{y} \rangle &= \sum_{i=1}^{n} \left(\sum_{j=1}^{n} a_{ij} x_j \right) y_i \\ &= \sum_{j=1}^{n} x_j \left(\sum_{i=1}^{n} a_{ij} y_i \right) = \langle \boldsymbol{x}, A^\top \boldsymbol{y} \rangle \end{aligned}$$

を得る．よって，

$$\langle A\boldsymbol{x}, \boldsymbol{y} \rangle = \langle \boldsymbol{x}, A^\top \boldsymbol{y} \rangle \quad (\boldsymbol{x}, \boldsymbol{y} \in \mathbb{R}^n) \tag{1.4.1}$$

が成り立つ．これは転置行列の重要な性質である．

補足 1.4.1.

$$\lim_{x \to \pm\infty} f(x) = \lim_{x \to \pm\infty} g(x) = 0$$

のとき，部分積分の公式により

$$\int_{-\infty}^{\infty} f'(x) g(x)\ dx = -\int_{-\infty}^{\infty} f(x) g'(x)\ dx$$

が成り立つ．これを,「f の微分を g に押し付けるとひねり（右辺のマイナス）が付く」と読めば，(1.4.1) も部分積分の公式と考えることができる．つまり，$\boldsymbol{x}$ に掛かっている A を $\boldsymbol{y}$ に押し付けると A をひねった $A^\top$ に変化すると読めるわけである．

$A^\top = A$ が成り立つとき，すなわち，

$$\begin{pmatrix} a_{11} & a_{21} & \cdots & a_{n1} \\ a_{12} & a_{22} & \cdots & a_{n2} \\ \vdots & \vdots & \ddots & \vdots \\ a_{1n} & a_{2n} & \cdots & a_{nn} \end{pmatrix} = \begin{pmatrix} a_{11} & a_{12} & \cdots & a_{1n} \\ a_{21} & a_{22} & \cdots & a_{2n} \\ \vdots & \vdots & \ddots & \vdots \\ a_{n1} & a_{n2} & \cdots & a_{nn} \end{pmatrix}$$

が成り立つとき，A は**対称行列**とよばれる．対称行列の理論はカーネル法において非常に重要なカーネル関数の理論の雛形である．簡単にわかる事実として，A を対称行列とするとき，任意の $\boldsymbol{x}, \boldsymbol{y} \in \mathbb{R}^n$ に対し，

$$\langle A\boldsymbol{x}, \boldsymbol{y} \rangle = \langle \boldsymbol{x}, A\boldsymbol{y} \rangle \tag{1.4.2}$$

が成り立つ．実際，(1.4.1) により，

$$\langle A\boldsymbol{x}, \boldsymbol{y} \rangle = \langle \boldsymbol{x}, A^\top \boldsymbol{y} \rangle = \langle \boldsymbol{x}, A\boldsymbol{y} \rangle$$

となるからである．

次に，対称行列の理論を簡単に復習しよう．

固有値と固有ベクトル

まず，A を一般の n 次正方行列とする．

$$A\boldsymbol{x} = \lambda \boldsymbol{x} \tag{1.4.3}$$

となる，零ではないベクトル $\boldsymbol{x}$ が存在するような複素数 λ を A の**固有値**とよんだ．さらに，このような $\boldsymbol{x}$ は λ に対する A の**固有ベクトル**とよばれた．行列式の理論によれば，(1.4.3) は λ が n 次方程式

$$\det(\lambda I - A) = 0 \quad (I \text{ は単位行列})$$

の解であることと同値であった．n 次方程式は複素数を解にもつこともあるので，A の成分がすべて実数であったとしても，固有値が複素数になることもあった．対称行列に関する重要な事実として，対称行列の固有値はすべて実数であり，その固有ベクトルは $\mathbb{R}^n$ のベクトルである．従って，対称行列を扱うだけであれば，当面 $\mathbb{R}^n$ の枠からはみ出すことはない．

例題 1.4.2.　A を対称行列とする．λ と μ を A の異なる固有値とし，λ と μ に対する固有ベクトルをそれぞれ $\boldsymbol{x}_\lambda, \boldsymbol{x}_\mu$ と表す．このとき，$\boldsymbol{x}_\lambda$ と $\boldsymbol{x}_\mu$ は直交することを示せ．

解答　(1.4.2) を用いると，

$$\begin{aligned}\lambda\langle \boldsymbol{x}_\lambda, \boldsymbol{x}_\mu\rangle &= \langle \lambda\boldsymbol{x}_\lambda, \boldsymbol{x}_\mu\rangle = \langle A\boldsymbol{x}_\lambda, \boldsymbol{x}_\mu\rangle = \langle \boldsymbol{x}_\lambda, A\boldsymbol{x}_\mu\rangle \\ &= \langle \boldsymbol{x}_\lambda, \mu\boldsymbol{x}_\mu\rangle = \mu\langle \boldsymbol{x}_\lambda, \boldsymbol{x}_\mu\rangle\end{aligned}$$

を得る．よって，

$$(\lambda - \mu)\langle \boldsymbol{x}_\lambda, \boldsymbol{x}_\mu\rangle = 0$$

が成り立つ．今，$\lambda \neq \mu$ であるから，$\langle \boldsymbol{x}_\lambda, \boldsymbol{x}_\mu\rangle = 0$ となり，$\boldsymbol{x}_\lambda$ と $\boldsymbol{x}_\mu$ は直交する．　□

対称行列の構造は，次の定理で完全に記述される．

定理 1.4.3（対称行列の対角化）．　A を対称行列とする．A の固有値 $\lambda_1, \ldots, \lambda_n$（重複があってもよい）に対し，$\lambda_j$ に対する固有ベクトル $\boldsymbol{u}_j = (u_{1j}, \ldots, u_{nj})^\top$ を，

$$\|\boldsymbol{u}_j\| = 1, \quad \langle \boldsymbol{u}_i, \boldsymbol{u}_j\rangle = 0 \quad (i \neq j) \tag{1.4.4}$$

をみたすように選ぶことができ，

$$U = \begin{pmatrix}\boldsymbol{u}_1 & \cdots & \boldsymbol{u}_n\end{pmatrix} = \begin{pmatrix} u_{11} & u_{12} & \cdots & u_{1n} \\ u_{21} & u_{22} & \cdots & u_{2n} \\ \vdots & \vdots & \ddots & \vdots \\ u_{n1} & u_{n2} & \cdots & u_{nn}\end{pmatrix}$$

とおくと，

$$U^\top A U = \begin{pmatrix} \lambda_1 & 0 & \cdots & 0 \\ 0 & \lambda_2 & \cdots & 0 \\ \vdots & \vdots & \ddots & \vdots \\ 0 & 0 & \cdots & \lambda_n\end{pmatrix} \tag{1.4.5}$$

が成り立つ．

補足 1.4.4. (1.4.4) は U を用いると，$U^\top U = I$（I は単位行列）と表される．このような行列 U は**直交行列**とよばれる．(1.4.5) は，対称行列 A は直交行列により対角化可能であると簡単に述べられる．

次に，対角化と同値な**スペクトル分解**とよばれる形式を紹介しよう．

定理 1.4.5（スペクトル分解）. 定理 1.4.3 の記号を用いる．任意の $\boldsymbol{x} \in \mathbb{R}^n$ に対し，

$$A\boldsymbol{x} = \sum_{j=1}^{n} \lambda_j \langle \boldsymbol{x}, \boldsymbol{u}_j \rangle \boldsymbol{u}_j \tag{1.4.6}$$

が成り立つ．また，同じことであるが，

$$A = \sum_{j=1}^{n} \lambda_j \boldsymbol{u}_j \boldsymbol{u}_j^\top \tag{1.4.7}$$

が成り立つ．

証明 (1.4.6) を示す．まず，定理 1.4.3 における $\{\boldsymbol{u}_1, \ldots, \boldsymbol{u}_n\}$ は $\mathbb{R}^n$ の正規直交基底であることに注意しよう．すなわち，$\boldsymbol{x}$ は

$$\boldsymbol{x} = \sum_{j=1}^{n} c_j \boldsymbol{u}_j$$

と展開できる．さらに，(1.4.4) から

$$\langle \boldsymbol{x}, \boldsymbol{u}_i \rangle = \left\langle \sum_{j=1}^{n} c_j \boldsymbol{u}_j, \boldsymbol{u}_i \right\rangle = \sum_{j=1}^{n} c_j \langle \boldsymbol{u}_j, \boldsymbol{u}_i \rangle = c_i$$

が成り立ち，

$$\boldsymbol{x} = \sum_{j=1}^{n} \langle \boldsymbol{x}, \boldsymbol{u}_j \rangle \boldsymbol{u}_j \tag{1.4.8}$$

と表される．よって，

$$\begin{aligned} A\boldsymbol{x} = A\sum_{j=1}^{n} \langle \boldsymbol{x}, \boldsymbol{u}_j \rangle \boldsymbol{u}_j &= \sum_{j=1}^{n} \langle \boldsymbol{x}, \boldsymbol{u}_j \rangle A\boldsymbol{u}_j \\ &= \sum_{j=1}^{n} \lambda_j \langle \boldsymbol{x}, \boldsymbol{u}_j \rangle \boldsymbol{u}_j \end{aligned}$$

を得る．従って，(1.4.6) が成り立つことがわかった．また，$\boldsymbol{u}_j \boldsymbol{u}_j^\top \boldsymbol{x} = \langle \boldsymbol{x}, \boldsymbol{u}_j \rangle \boldsymbol{u}_j$ から，(1.4.7) は (1.4.6) の書き換えである． □

1.5　半正定値行列

固有値がすべて 0 以上の対称行列は**半正定値行列**とよばれる．

定理 1.5.1.　A を対称行列とする．次の (i) と (ii) は同値である．

(i)　A は半正定値行列である．

(ii)　任意の $\boldsymbol{x} \in \mathbb{R}^n$ に対し，$\langle A\boldsymbol{x}, \boldsymbol{x}\rangle \geq 0$ が成り立つ．

証明　以下，定理 1.4.3 の記号を用いる．定理 1.4.5 で示したように，対称行列 A は

$$A = \sum_{j=1}^{n} \lambda_j \boldsymbol{u}_j \boldsymbol{u}_j^\top$$

と分解される．よって，任意の $\boldsymbol{x} \in \mathbb{R}^n$ に対し，

$$\begin{aligned}
\langle A\boldsymbol{x}, \boldsymbol{x}\rangle &= \left\langle \left(\sum_{j=1}^{n} \lambda_j \boldsymbol{u}_j \boldsymbol{u}_j^\top \right) \boldsymbol{x}, \boldsymbol{x} \right\rangle \\
&= \sum_{j=1}^{n} \lambda_j \langle (\boldsymbol{u}_j \boldsymbol{u}_j^\top) \boldsymbol{x}, \boldsymbol{x}\rangle \\
&= \sum_{j=1}^{n} \lambda_j \langle \langle \boldsymbol{x}, \boldsymbol{u}_j\rangle \boldsymbol{u}_j, \boldsymbol{x}\rangle \\
&= \sum_{j=1}^{n} \lambda_j (\langle \boldsymbol{x}, \boldsymbol{u}_j\rangle)^2 \qquad (1.5.1)
\end{aligned}$$

が成り立つ．このとき，(i) を仮定すると，$\lambda_j \geq 0$ $(j = 1, \ldots, n)$ であるから，(1.5.1) の表示を用いて，$\langle A\boldsymbol{x}, \boldsymbol{x}\rangle \geq 0$ が成り立つことがわかる．よって，(ii) を得る．

次に，(ii) を仮定しよう．$\boldsymbol{x} = \boldsymbol{u}_k$ のときを考えると，$\boldsymbol{u}_k$ は λ_k に対するノルムが 1 の固有ベクトルであるから，$\lambda_k = \langle A\boldsymbol{u}_k, \boldsymbol{u}_k\rangle \geq 0$ が成り立つ．よって，(i) を得る．　□

定理 1.5.1 の内容を踏まえて，対称行列 A が半正定値であることを $A \geq 0$ と表すことにしよう．

例題 1.5.2. A と B を n 次の対称行列とする．$A \geq 0$ かつ $B \geq 0$ のとき，$A+B \geq 0$ を示せ．

解答 定理 1.5.1 で示したことと

$$\langle (A+B)\boldsymbol{x}, \boldsymbol{x}\rangle = \langle A\boldsymbol{x} + B\boldsymbol{x}, \boldsymbol{x}\rangle = \langle A\boldsymbol{x}, \boldsymbol{x}\rangle + \langle B\boldsymbol{x}, \boldsymbol{x}\rangle$$

から，$A+B \geq 0$ を得る． □

例題 1.5.3. $\boldsymbol{u} \in \mathbb{R}^n$ に対し，次を示せ．

(i) $\boldsymbol{u}\boldsymbol{u}^\top \geq 0$

(ii) $\|\boldsymbol{u}\| = 1$ のとき，$\boldsymbol{u}\boldsymbol{u}^\top$ は $\boldsymbol{u}$ で張られる 1 次元空間の上への直交射影である．

解答 まず，

$$\langle (\boldsymbol{u}\boldsymbol{u}^\top)\boldsymbol{x}, \boldsymbol{x}\rangle = \langle \langle \boldsymbol{x}, \boldsymbol{u}\rangle \boldsymbol{u}, \boldsymbol{x}\rangle = (\langle \boldsymbol{x}, \boldsymbol{u}\rangle)^2 \geq 0$$

から (i) を得る．(1.3.1) を参考にすれば，(ii) は $(\boldsymbol{u}\boldsymbol{u}^\top)\boldsymbol{x} = \langle \boldsymbol{x}, \boldsymbol{u}\rangle \boldsymbol{u}$ から得られる． □

シューア積

$A = (a_{ij})$ と $B = (b_{ij})$ を n 次正方行列とする．このとき，

$$A \circ B = (a_{ij} b_{ij})$$

と定める．$A \circ B$ は A と B の**シューア積**とよばれる [*2]．シューア積は行列の成分ごとの積である．$A = (a_{ij})$ を i と j の 2 変数関数と見ていると言ってもよい．次に紹介する定理はスペクトル分解の応用であり，カーネル法の理論において重要となる．

定理 1.5.4 (シューアの定理). A と B を n 次の対称行列とする．$A \geq 0$ かつ $B \geq 0$ のとき，$A \circ B \geq 0$ が成り立つ．

[*2] **アダマール積**とよばれることもある．

証明　まず，シューア積の計算は普通の掛け算と同様であることに注意しよう．A と B のスペクトル分解（定理 1.4.5）を

$$A = \sum_{j=1}^{n} \lambda_j \boldsymbol{u}_j \boldsymbol{u}_j^\top, \quad B = \sum_{k=1}^{n} \mu_k \boldsymbol{v}_k \boldsymbol{v}_k^\top$$

とする．このとき，A と B のシューア積は

$$\begin{aligned} A \circ B &= \left(\sum_{j=1}^{n} \lambda_j \boldsymbol{u}_j \boldsymbol{u}_j^\top \right) \circ \left(\sum_{k=1}^{n} \mu_k \boldsymbol{v}_k \boldsymbol{v}_k^\top \right) \\ &= \sum_{j,k=1}^{n} \lambda_j \mu_k (\boldsymbol{u}_j \boldsymbol{u}_j^\top) \circ (\boldsymbol{v}_k \boldsymbol{v}_k^\top) \end{aligned}$$

と計算される．今，$\lambda_j, \mu_k \geq 0$ $(j, k = 1, \ldots, n)$ であるから，

$$(\boldsymbol{u}_j \boldsymbol{u}_j^\top) \circ (\boldsymbol{v}_k \boldsymbol{v}_k^\top) \geq 0$$

を示せば，例題 1.5.2 から $A \circ B \geq 0$ が導かれる．以下，添え字を節約して，

$$(\boldsymbol{u}\boldsymbol{u}^\top) \circ (\boldsymbol{v}\boldsymbol{v}^\top) \geq 0$$

を示すことにする．$\boldsymbol{u} = (u_1, \ldots, u_n)^\top$ とおけば，$\boldsymbol{u}\boldsymbol{u}^\top$ は

$$\boldsymbol{u}\boldsymbol{u}^\top = \begin{pmatrix} u_1 \\ \vdots \\ u_n \end{pmatrix} \begin{pmatrix} u_1 & \cdots & u_n \end{pmatrix} = \begin{pmatrix} u_1^2 & u_1 u_2 & \cdots & u_1 u_n \\ u_2 u_1 & u_2^2 & \cdots & u_2 u_n \\ \vdots & \vdots & \ddots & \vdots \\ u_n u_1 & u_n u_2 & \cdots & u_n^2 \end{pmatrix} = (u_i u_j)$$

と成分表示される．よって，$\boldsymbol{v} = (v_1, \ldots, v_n)^\top$ とおけば，例題 1.5.3 の (i) により，

$$\begin{aligned} (\boldsymbol{u}\boldsymbol{u}^\top) \circ (\boldsymbol{v}\boldsymbol{v}^\top) &= (u_i u_j) \circ (v_i v_j) \\ &= (u_i u_j v_i v_j) \\ &= \begin{pmatrix} u_1 v_1 \\ \vdots \\ u_n v_n \end{pmatrix} \begin{pmatrix} u_1 v_1 \\ \vdots \\ u_n v_n \end{pmatrix}^\top \geq 0 \end{aligned}$$

を得る．従って，

$$A \circ B = \sum_{j,k=1}^{n} \lambda_j \mu_k (\boldsymbol{u}_j \boldsymbol{u}_j^\top) \circ (\boldsymbol{v}_k \boldsymbol{v}_k^\top) \geq 0$$

が成り立つことがわかった． □

1.6　正定値行列

固有値がすべて正の対称行列は**正定値行列**とよばれる．正定値行列から内積を構成することができる．その意味を次の例題で確認しよう．

例題 1.6.1.　正定値行列 A に対し，

$$\langle \boldsymbol{x}, \boldsymbol{y} \rangle_A = \langle A\boldsymbol{x}, \boldsymbol{y} \rangle \quad (\boldsymbol{x}, \boldsymbol{y} \in \mathbb{R}^n)$$

と定める．このとき，任意の $\boldsymbol{x}, \boldsymbol{y}, \boldsymbol{z} \in \mathbb{R}^n$ と $\alpha \in \mathbb{R}$ に対し，

(i)　$\langle \boldsymbol{x}, \boldsymbol{y} + \boldsymbol{z} \rangle_A = \langle \boldsymbol{x}, \boldsymbol{y} \rangle_A + \langle \boldsymbol{x}, \boldsymbol{z} \rangle_A$,　$\langle \boldsymbol{x} + \boldsymbol{y}, \boldsymbol{z} \rangle_A = \langle \boldsymbol{x}, \boldsymbol{z} \rangle_A + \langle \boldsymbol{y}, \boldsymbol{z} \rangle_A$

(ii)　$\langle \alpha\boldsymbol{x}, \boldsymbol{y} \rangle_A = \alpha \langle \boldsymbol{x}, \boldsymbol{y} \rangle_A = \langle \boldsymbol{x}, \alpha\boldsymbol{y} \rangle_A$

(iii)　$\langle \boldsymbol{x}, \boldsymbol{y} \rangle_A = \langle \boldsymbol{y}, \boldsymbol{x} \rangle_A$

(iv)　$\langle \boldsymbol{x}, \boldsymbol{x} \rangle_A \geq 0$

(v)　$\langle \boldsymbol{x}, \boldsymbol{x} \rangle_A = 0 \Leftrightarrow \boldsymbol{x} = \boldsymbol{0}$

が成り立つことを示せ．

解答　(i), (ii), (iii) は通常の内積の言葉に書き換えて考えればよい．例えば，(iii) は A が対称であることから，

$$\langle \boldsymbol{x}, \boldsymbol{y} \rangle_A = \langle A\boldsymbol{x}, \boldsymbol{y} \rangle = \langle \boldsymbol{x}, A\boldsymbol{y} \rangle = \langle A\boldsymbol{y}, \boldsymbol{x} \rangle = \langle \boldsymbol{y}, \boldsymbol{x} \rangle_A$$

と導かれる．(iv) は定理 1.5.1 で示した．(v) を示そう．$\langle \boldsymbol{x}, \boldsymbol{x} \rangle_A = 0$ を仮定する．(1.5.1) によると，

$$\langle \boldsymbol{x}, \boldsymbol{x} \rangle_A = \langle A\boldsymbol{x}, \boldsymbol{x} \rangle = \sum_{j=1}^{n} \lambda_j (\langle \boldsymbol{x}, \boldsymbol{u}_j \rangle)^2$$

であった．今，$\lambda_j > 0$ $(j = 1, \ldots, n)$ であるから，$\langle \boldsymbol{x}, \boldsymbol{u}_j \rangle = 0$ $(j = 1, \ldots, n)$ である．ここで，$\{\boldsymbol{u}_1, \ldots, \boldsymbol{u}_n\}$ は $\mathbb{R}^n$ の正規直交基底であるから，$\boldsymbol{x} = \boldsymbol{0}$ となる．$\boldsymbol{x} = \boldsymbol{0}$ のとき，$\langle \boldsymbol{x}, \boldsymbol{x} \rangle_A = 0$ は明らかであろう．□

例題 1.6.2.　n 次の正定値行列 A に対し，

$$\|\boldsymbol{x}\|_A = \sqrt{\langle \boldsymbol{x}, \boldsymbol{x} \rangle_A} \quad (\boldsymbol{x} \in \mathbb{R}^n)$$

と定めれば，A に関する**コーシー・シュワルツの不等式**

$$|\langle \boldsymbol{x}, \boldsymbol{y} \rangle_A| \leq \|\boldsymbol{x}\|_A \|\boldsymbol{y}\|_A \quad (\boldsymbol{x}, \boldsymbol{y} \in \mathbb{R}^n)$$

が成り立つことを示せ．

解答　定理 1.1.2 とまったく同じである．□

例題 1.6.3.　n 次の正定値行列 A に対し，A に関する**三角不等式**

$$\|\boldsymbol{x} + \boldsymbol{y}\|_A \leq \|\boldsymbol{x}\|_A + \|\boldsymbol{y}\|_A \quad (\boldsymbol{x}, \boldsymbol{y} \in \mathbb{R}^n)$$

が成り立つことを示せ．

解答　例題 1.1.3 とまったく同じである．□

A に関するコーシー・シュワルツの不等式により，$\boldsymbol{x}$ と $\boldsymbol{y}$ のなす角 θ_A を定めることができる．また，A に関する三角不等式により，$\boldsymbol{x}$ と $\boldsymbol{y}$ の距離を $\|\boldsymbol{x} - \boldsymbol{y}\|_A$ と定めることができる [*3]．

正定値行列と内積

この節でわかったことをまとめよう．A を n 次の正定値行列とする．このとき，任意の $\boldsymbol{x}, \boldsymbol{y}, \boldsymbol{z} \in \mathbb{R}^n$ と $\alpha \in \mathbb{R}$ に対し，

(1)　$\langle \boldsymbol{x}, \boldsymbol{y} + \boldsymbol{z} \rangle_A = \langle \boldsymbol{x}, \boldsymbol{y} \rangle_A + \langle \boldsymbol{x}, \boldsymbol{z} \rangle_A, \quad \langle \boldsymbol{x} + \boldsymbol{y}, \boldsymbol{z} \rangle_A = \langle \boldsymbol{x}, \boldsymbol{z} \rangle_A + \langle \boldsymbol{y}, \boldsymbol{z} \rangle_A$

(2)　$\langle \alpha \boldsymbol{x}, \boldsymbol{y} \rangle_A = \alpha \langle \boldsymbol{x}, \boldsymbol{y} \rangle_A = \langle \boldsymbol{x}, \alpha \boldsymbol{y} \rangle_A$

(3)　$\langle \boldsymbol{x}, \boldsymbol{y} \rangle_A = \langle \boldsymbol{y}, \boldsymbol{x} \rangle_A$

[*3]　統計学や機械学習の分野では，$\|\cdot\|_A$ は**マハラノビス距離**とよばれる．

(4) $\langle \boldsymbol{x}, \boldsymbol{x} \rangle_A \geq 0$

(5) $\langle \boldsymbol{x}, \boldsymbol{x} \rangle_A = 0 \Leftrightarrow \boldsymbol{x} = \boldsymbol{0}$

が成り立つ．この (1)〜(5) がみたされることをもって，$\langle \cdot, \cdot \rangle_A$ は正定値内積であるという．本書では正定値内積のことを単に**内積**とよぶことにする．さらに，任意の $\boldsymbol{x}, \boldsymbol{y} \in \mathbb{R}^n$ と $\alpha \in \mathbb{R}$ に対し，

(6) $\|\boldsymbol{x}\|_A \geq 0$

(7) $\|\boldsymbol{x}\|_A = 0 \Leftrightarrow \boldsymbol{x} = \boldsymbol{0}$

(8) $\|\alpha \boldsymbol{x}\|_A = |\alpha| \|\boldsymbol{x}\|_A$

(9) $\|\boldsymbol{x} + \boldsymbol{y}\|_A \leq \|\boldsymbol{x}\|_A + \|\boldsymbol{y}\|_A$

が成り立つ．この (6)〜(9) がみたされることをもって $\| \cdot \|_A$ は**ノルム**であるという．今の場合，(1)〜(5) により，(6)〜(9) が導かれた．従って，内積はノルムを導く．また，(1)〜(9) は $\mathbb{R}^n$ の内積 $\langle \cdot, \cdot \rangle$ とノルム $\| \cdot \|$ と同じ性質である．そして，$\langle \cdot, \cdot \rangle_A$ と $\| \cdot \|_A$ に対してもコーシー・シュワルツの不等式と三角不等式が成り立つ．このように，$\mathbb{R}^n$ への内積とノルムの入れ方は無数に存在する．

正定値行列とカーネル法

正定値行列とカーネル法の関連を簡単に述べよう．ここでは，ベクトル $\boldsymbol{x} = (x_1, \ldots, x_n)^\top \in \mathbb{R}^n$ を $\{1, \ldots, n\}$ 上の関数と見る．すなわち，

$$\boldsymbol{x}(1) = x_1, \ \ldots, \ \boldsymbol{x}(n) = x_n$$

と考えるわけである．以下，$\boldsymbol{e}_j = (0, \ldots, 1, \ldots, 0)^\top$ を j 番目の成分だけ 1 で他は 0 のベクトルとし，A の逆行列 A^{-1} を用いて $\boldsymbol{k}_j = A^{-1}\boldsymbol{e}_j$ と定める．このとき，A が対称であるから，

$$\langle \boldsymbol{x}, \boldsymbol{k}_j \rangle_A = \langle A\boldsymbol{x}, \boldsymbol{k}_j \rangle = \langle \boldsymbol{x}, A\boldsymbol{k}_j \rangle = \langle \boldsymbol{x}, \boldsymbol{e}_j \rangle = \boldsymbol{x}(j)$$

が成り立つ．この式を

「関数 $\boldsymbol{x}$ に j を代入するという操作が内積 $\langle \boldsymbol{x}, \boldsymbol{k}_j \rangle_A$ で表された」

と読むことがカーネル法の理論への第一歩である．実際，$\mathbb{R}^n$ に内積 $\langle\cdot,\cdot\rangle_A$ を入れた空間 $(\mathbb{R}^n,\langle\cdot,\cdot\rangle_A)$ は第3章で詳しく解説する**再生核ヒルベルト空間**の基本的な例の一つである．

第2章 内積の数学2（フーリエ解析）

第1章の最後に，正定値行列から内積が定まり，そこでは代入が内積で表されることを見た．ここでは，そのような数学がフーリエ解析と複素解析のブレンドの中にも自然に現れることを解説しよう．複素関数を扱う都合上，この章の中だけ，i は虚数単位を表し，内積は複素数値内積を扱うので注意してほしい．

2.1 オイラーの公式

複素数は実数 x, y を用いて $z = x + iy$ と表される．その絶対値と共役複素数はそれぞれ $|z| = \sqrt{x^2 + y^2}$, $\overline{z} = x - iy$ と定められる．複素数の計算は $i^2 = -1$ に気を付けて通常の数のように計算すればよい．さて，指数関数のマクローリン展開

$$e^x = \sum_{n=0}^{\infty} \frac{1}{n!} x^n$$

を複素数へ拡張して，複素数 it（t は実数）に対し，

$$e^{it} = \sum_{n=0}^{\infty} \frac{1}{n!} (it)^n$$

と定めよう．このとき，次の公式は有名である．

$$e^{it} = \cos t + i \sin t \quad \text{（オイラーの公式）}$$

オイラーの公式は指数関数と三角関数のマクローリン展開を比較し，

$$e^{it} = \sum_{n=0}^{\infty} \frac{1}{n!} (it)^n$$

$$
\begin{aligned}
&= 1 + \frac{1}{1!}it + \frac{1}{2!}(-1)t^2 + \frac{1}{3!}(-i)t^3 + \frac{1}{4!}t^4 + \cdots + \frac{1}{n!}(it)^n + \cdots \\
&= \left(1 - \frac{1}{2!}t^2 + \frac{1}{4!}t^4 + \cdots + \frac{(-1)^j}{(2j)!}t^{2j} + \cdots\right) \\
&\qquad + i\left(\frac{1}{1!}t - \frac{1}{3!}t^3 + \frac{1}{5!}t^5 + \cdots + \frac{(-1)^k}{(2k+1)!}t^{2k+1} + \cdots\right) \\
&= \sum_{j=0}^{\infty} \frac{(-1)^j}{(2j)!}t^{2j} + i\sum_{k=0}^{\infty} \frac{(-1)^k}{(2k+1)!}t^{2k+1} \\
&= \cos t + i \sin t
\end{aligned}
$$

と確かめることができる．フーリエ解析はこの e^{it} の数学である．e^{it} の絶対値と共役複素数はオイラーの公式から

$$
\begin{aligned}
|e^{it}|^2 &= \cos^2 t + \sin^2 t = 1 \\
\overline{e^{it}} &= \cos t - i \sin t = \cos(-t) + i \sin(-t) = e^{-it}
\end{aligned}
$$

と簡単に求められる．e^{it} の性質に関し，二つの例題で確認しておこう．

例題 2.1.1.　実数 t_1, t_2 に対し，

$$
e^{it_1}e^{it_2} = e^{i(t_1+t_2)}
$$

が成り立つことを示せ．

解答　オイラーの公式と三角関数の加法定理から，

$$
\begin{aligned}
e^{it_1}e^{it_2} &= (\cos t_1 + i \sin t_1)(\cos t_2 + i \sin t_2) \\
&= \cos t_1 \cos t_2 - \sin t_1 \sin t_2 + i(\sin t_1 \cos t_2 + \cos t_1 \sin t_2) \\
&= \cos(t_1 + t_2) + i \sin(t_1 + t_2) \\
&= e^{i(t_1+t_2)}
\end{aligned}
$$

が成り立つ．　□

例題 2.1.2.　整数 n に対し，

$$
(e^{it})^n = e^{int}
$$

が成り立つことを示せ．

解答 $n \geq 0$ のときは，例題 2.1.1 から導かれる．例えば $n = 3$ のとき，

$$(e^{it})^3 = e^{it}e^{it}e^{it} = e^{it}(e^{it}e^{it}) = e^{it}e^{i(t+t)} = e^{it}e^{2it} = e^{i(t+2t)} = e^{3it}$$

と考えればよい．次に，$n < 0$ のときを考える．まず，例題 2.1.1 から

$$e^{it}e^{-it} = e^{i(t-t)} = e^0 = 1$$

を得る．よって，$e^{-it} = 1/e^{it}$ が成り立つ．あとは $n \geq 0$ の場合と同様である． □

複素関数に関する微分と積分も，$i^2 = -1$ に気を付けて通常の関数のように計算してよい．例えば，整数 n に対し，

$$\frac{1}{2\pi}\int_0^{2\pi} e^{int}\,dt = \begin{cases} 1 & (n = 0) \\ 0 & (n \neq 0) \end{cases} \tag{2.1.1}$$

が成り立つことを示してみよう．まず，$n = 0$ の場合，$e^{i\cdot 0\cdot t} = 1$ であるから，

$$\frac{1}{2\pi}\int_0^{2\pi} e^{i\cdot 0\cdot t}\,dt = \frac{1}{2\pi}\int_0^{2\pi} 1\,dt = 1$$

を得る．次に，$n \neq 0$ の場合，$e^{2\pi i} = 1$ に注意して，

$$\frac{1}{2\pi}\int_0^{2\pi} e^{int}\,dt = \frac{1}{2\pi}\left[\frac{1}{in}e^{int}\right]_0^{2\pi} = \frac{1}{2\pi in}(1-1) = 0$$

を得る．

2.2 フーリエ級数

$\mathbb{Z}$ を整数の全体とする．周期 2π の複素数値関数 f に対し，

$$\widehat{f}(n) = \frac{1}{2\pi}\int_0^{2\pi} f(t)e^{-int}\,dt \quad (n \in \mathbb{Z})$$

と定め，$\widehat{f}(n)$ を f の第 n **フーリエ係数**という．関数とそのフーリエ係数の対応を

$$\mathcal{F} : f \mapsto \{\widehat{f}(n)\}_{n=-\infty}^{\infty}$$

と表そう．$\mathcal{F}$ は関数を数列に対応させる写像であることに注意する．この $\mathcal{F}$ を**フーリエ変換**とよび，

$$\sum_{n=-\infty}^{\infty} \widehat{f}(n)e^{int}$$

を f の**フーリエ級数**とよぶ．

例題 2.2.1.　N を自然数とし，c_n $(-N \leq n \leq N)$ を複素数とする．このとき，関数

$$f(t) = \sum_{n=-N}^{N} c_n e^{int}$$

のフーリエ係数を求めよ．

解答　(2.1.1) と添え字の処理に注意すれば，

$$\begin{aligned}\widehat{f}(n) &= \frac{1}{2\pi}\int_0^{2\pi}\left(\sum_{k=-N}^{N} c_k e^{ikt}\right)e^{-int}\,dt \\ &= \sum_{k=-N}^{N} c_k\left(\frac{1}{2\pi}\int_0^{2\pi} e^{i(k-n)t}\,dt\right) \\ &= \begin{cases} c_n & (-N \leq n \leq N) \\ 0 & (\text{その他}) \end{cases}\end{aligned}$$

が成り立つことがわかる．　□

例題 2.2.1 で考えた関数は三角多項式とよばれる．もちろん，オイラーの公式からそのような関数は三角関数の和で表されるからである．例題 2.2.1 での計算から，次の二つのことがわかる．

- $\widehat{f}(n)$ は f にどれだけ e^{int} が入っているかを表す量である．
- 三角多項式のフーリエ級数はもとの関数そのものである．すなわち，

$$f(t) = \sum_{n=-N}^{N} c_n e^{int} \Rightarrow f(t) = \sum_{n=-\infty}^{\infty} \widehat{f}(n)e^{int}$$

　が成り立つ．

周期 2π の関数 f に対し,

$$f(t) = \sum_{n=-\infty}^{\infty} \widehat{f}(n) e^{int}$$

が成り立つとき, f は**フーリエ級数展開**が可能であるという. フーリエ級数の理論によれば, 応用上十分広い範囲の関数に対しフーリエ級数展開が可能である. 例えば, 次のことが知られている.

定理 2.2.2. 有限個の点を除いて連続である周期 2π の関数 f に対し, $t = t_0$ の近傍で f が C^1-級ならば,

$$f(t_0) = \sum_{n=-\infty}^{\infty} \widehat{f}(n) e^{int_0}$$

が成り立つ.

例題 2.2.3. $[0, 2\pi]$ 上の関数

$$f(t) = \begin{cases} t & (0 \leq t < 2\pi) \\ 0 & (t = 2\pi) \end{cases}$$

を周期 2π の関数として考える. すなわち, $t \in [0, 2\pi]$ と整数 n に対し, $f(t + 2n\pi) = f(t)$ と f を拡張して考える. この f のフーリエ級数を求めよ.

解答 まず, $n \neq 0$ のとき, 部分積分と (2.1.1) を用いて,

$$\begin{aligned} \widehat{f}(n) &= \frac{1}{2\pi} \int_0^{2\pi} t e^{-int}\, dt \\ &= \frac{1}{2\pi} \left(\left[\frac{1}{-in} t e^{-int} \right]_0^{2\pi} - \int_0^{2\pi} \frac{1}{-in} e^{-int}\, dt \right) \\ &= \frac{i}{n} \end{aligned}$$

を得る. また, $n = 0$ のときは

$$\widehat{f}(0) = \frac{1}{2\pi} \int_0^{2\pi} t\, dt = \frac{1}{2\pi} \left[\frac{1}{2} t^2 \right]_0^{2\pi} = \pi$$

が成り立つ．よって，f のフーリエ級数は

$$\pi + \sum_{n \in \mathbb{Z} \setminus \{0\}} \frac{i}{n} e^{int}$$

である．また，定理 2.2.2 によれば，$t \neq 0, 2\pi$ であれば，

$$f(t) = \pi + \sum_{n \in \mathbb{Z} \setminus \{0\}} \frac{i}{n} e^{int}$$

が成り立つ．□

フーリエ級数展開とローラン展開

ここでは，フーリエ級数と複素解析との関係について解説しよう．$0 \leq r_1 < r_2$ とする．円環領域 $r_1 < |z| < r_2$ 上で正則な関数 f は

$$f(z) = \sum_{n=-\infty}^{\infty} c_n z^n \tag{2.2.1}$$

と一意に展開できる．これを f の $r_1 < |z| < r_2$ における**ローラン展開**とよぶ．特に，ローラン展開の係数 c_n は

$$c_n = \frac{1}{2\pi i} \int_{|z|=r} f(z) z^{-n-1} \, dz \quad (r_1 < r < r_2)$$

と表される．

例題 2.2.4.　円環領域 $1 < |z| < 2$ 上で正則な関数

$$f(z) = \frac{1}{z(3-z)}$$

のローラン展開を求めよ．

解答　ローラン展開は一意であるから，とにかく z と $1/z$ の級数に展開してしまえばよい．まず，

$$f(z) = \frac{1}{z(3-z)} = \frac{1}{3z\left(1 - \frac{z}{3}\right)}$$

と変形しよう．今，z の範囲から，$|z|/3 < 1$ が成り立つので，等比級数の公式により，

$$
\begin{aligned}
\frac{1}{3z\left(1-\dfrac{z}{3}\right)} &= \frac{1}{3z}\sum_{n=0}^{\infty}\left(\frac{z}{3}\right)^n \\
&= \frac{1}{3z}+\sum_{n=1}^{\infty}\frac{1}{3^{n+1}}z^{n-1} \\
&= \frac{1}{3z}+\sum_{n=0}^{\infty}\frac{1}{3^{n+2}}z^{n}
\end{aligned}
$$

が成り立つ．以上のことから，f のローラン展開

$$
f(z)=\frac{1}{3z}+\sum_{n=0}^{\infty}\frac{1}{3^{n+2}}z^{n}
$$

を得る． □

ところで，$r_1 < 1 < r_2$ のとき，ローラン展開 (2.2.1) の係数 c_n は

$$
\begin{aligned}
c_n &= \frac{1}{2\pi i}\int_{|z|=1} f(z)z^{-n-1}\,dz \\
&= \frac{1}{2\pi i}\int_0^{2\pi} f(e^{it})e^{-i(n+1)t}ie^{it}\,dt \\
&= \frac{1}{2\pi}\int_0^{2\pi} f(e^{it})e^{-int}\,dt
\end{aligned}
$$

と計算される．よって，c_n は $f(e^{it})$ のフーリエ係数であり，$z=e^{it}$ のとき (2.2.1) を

$$
f(e^{it})=\sum_{n=-\infty}^{\infty}c_n e^{int}
$$

と書き換えれば，この式は $f(e^{it})$ のフーリエ級数展開であることがわかる．r_1 と r_2 を 1 に近づければ，円環領域 $r_1 < |z| < r_2$ の範囲は狭くなるため，そこで正則な関数の範囲は広がる．すなわち，フーリエ級数展開できる関数の範囲は広がる．フーリエ級数の理論はローラン展開で $r_1, r_2 \to 1$ とした場合の理論と考えることができる．

2.3　L^2-内積

この節ではフーリエ級数を扱うのに便利な枠組みを用意しよう．周期 2π の複素数値関数 f, g に対し，

$$\langle f, g\rangle_{L^2} = \frac{1}{2\pi}\int_0^{2\pi} f(t)\overline{g(t)}\,dt$$
$$\|f\|_{L^2} = \sqrt{\langle f, f\rangle_{L^2}} = \left(\frac{1}{2\pi}\int_0^{2\pi} |f(t)|^2\,dt\right)^{1/2}$$

と定め，それぞれ，f と g の L^2-内積，f の L^2-ノルムとよぶことにする[*1]．最初の二つの例題は簡単なものであるが，フーリエ級数の理論で大変重要である．

例題 2.3.1.　n, m を整数とする．このとき，

$$\langle e^{int}, e^{imt}\rangle_{L^2} = \begin{cases} 1 & (n = m) \\ 0 & (n \neq m) \end{cases} \tag{2.3.1}$$

が成り立つことを示せ．

解答　L^2-内積の定め方により

$$\begin{aligned}\langle e^{int}, e^{imt}\rangle_{L^2} &= \frac{1}{2\pi}\int_0^{2\pi} e^{int}\overline{e^{imt}}\,dt \\ &= \frac{1}{2\pi}\int_0^{2\pi} e^{int}e^{-imt}\,dt \\ &= \frac{1}{2\pi}\int_0^{2\pi} e^{i(n-m)t}\,dt\end{aligned}$$

である．よって，(2.1.1) により結論を得る．　□

以下では，$\mathbb{C}$ は複素数の全体を表す．

---

*1　細かい話になるが，これからの議論の中では，L^2-内積と L^2-ノルムが有限な値として確定する関数しか扱わない．応用上は，有限個の点を除いて連続である周期 2π の関数を想像しておけば十分である．理論的に最もすっきりした枠組みは，L^2-ノルムが有限なルベーグ可測関数の全体である．ルベーグ積分論については Rudin [10] を参照せよ．

例題 2.3.2. n を自然数とする．このとき，$\{e^{-int}, e^{-i(n-1)t}, \dots, e^{i(n-1)t}, e^{int}\}$ が線形独立であること，すなわち，$c_{-n}, c_{-n+1}, \dots, c_{n-1}, c_n \in \mathbb{C}$ とするとき，

$$\sum_{j=-n}^{n} c_j e^{ijt} = 0 \Rightarrow c_{-n} = c_{-n+1} = \cdots = c_{n-1} = c_n = 0$$

が成り立つことを示せ．

解答 $f(t) = \sum_{j=-n}^{n} c_j e^{ijt} = 0$ とおくと，例題 2.2.1 から，

$$c_k = \widehat{f}(k) = \langle f, e^{ikt} \rangle_{L^2} = 0$$

を得る．よって，$\{e^{-int}, e^{-i(n-1)t}, \dots, e^{i(n-1)t}, e^{int}\}$ は線形独立である． □

次の例題は例題 1.1.1 とほぼ同じであるが，複素数値関数を考えていることによる違いがあることに注意しよう．

例題 2.3.3. 周期 2π の複素数値関数 f, g, h と $\alpha \in \mathbb{C}$ に対し，

(i) $\langle f, g+h \rangle_{L^2} = \langle f, g \rangle_{L^2} + \langle f, h \rangle_{L^2}$, $\langle f+g, h \rangle_{L^2} = \langle f, h \rangle_{L^2} + \langle g, h \rangle_{L^2}$

(ii) $\langle \alpha f, g \rangle_{L^2} = \alpha \langle f, g \rangle_{L^2} = \langle f, \overline{\alpha} g \rangle_{L^2}$

(iii) $\langle f, g \rangle_{L^2} = \overline{\langle g, f \rangle_{L^2}}$

(iv) f を連続関数とするとき [*2]，$\|f\|_{L^2} = 0 \Leftrightarrow f = 0$

(v) $\|f + g\|_{L^2}^2 = \|f\|_{L^2}^2 + 2\,\mathrm{Re}\langle f, g \rangle_{L^2} + \|g\|_{L^2}^2$

が成り立つことを示せ．

解答 (i), (ii), (iii) は例題 1.1.1 とほぼ同じである．例えば，(iii) は f と g を実部と虚部に分け，$\overline{i} = -i$ と通常の積分の性質に帰着させればよい．(iv) を示す．$|f(a)| > 0$ を仮定しよう．このとき，十分小さな $\varepsilon > 0$ をとれば，$[a-\varepsilon, a+\varepsilon]$ 上で $|f(t)| > |f(a)|/2 > 0$ が成り立つ．よって，区分求積法を考えて，

$$\|f\|_{L^2}^2 = \frac{1}{2\pi} \int_0^{2\pi} |f(t)|^2 \, dt$$

[*2] この (iv) だけ仮定を追加したが，この点をすっきり述べるにはルベーグ積分論が必要である．

$$\begin{aligned}
&\geq \frac{1}{2\pi}\int_{a-\varepsilon}^{a+\varepsilon} |f(t)|^2 \, dt \\
&\geq \frac{1}{2\pi}\int_{a-\varepsilon}^{a+\varepsilon} \frac{|f(a)|^2}{4} \, dt \\
&= \frac{|f(a)|^2\varepsilon}{4\pi} \\
&> 0
\end{aligned}$$

が成り立つことがわかる．従って，$\|f\|_{L^2} = 0 \Rightarrow f = 0$ が示された．一方，$f = 0 \Rightarrow \|f\|_{L^2} = 0$ は自明である．(v) は，(i), (ii), (iii) から，

$$\begin{aligned}
\|f+g\|_{L^2}^2 &= \langle f+g, f+g\rangle_{L^2} \\
&= \langle f, f\rangle_{L^2} + \langle f, g\rangle_{L^2} + \langle g, f\rangle_{L^2} + \langle g, g\rangle_{L^2} \\
&= \langle f, f\rangle_{L^2} + \langle f, g\rangle_{L^2} + \overline{\langle f, g\rangle_{L^2}} + \langle g, g\rangle_{L^2} \\
&= \|f\|_{L^2}^2 + 2\,\mathrm{Re}\langle f, g\rangle_{L^2} + \|g\|_{L^2}^2
\end{aligned}$$

と得られる．　□

例題 2.3.3 は，例題 1.1.1 と非常に似ていることを再度強調しておこう．違いは (ii) と (iii) で共役複素数が，(v) では複素数の実部が現れることだけである．従って，ここで考えているのは複素内積空間である．複素内積空間にも直交性が導入される．すなわち，$\langle f, g\rangle_{L^2} = 0$ のとき，f と g は直交するということにする．特に，例題 2.3.1 は $\{e^{int}\}_{n=-\infty}^{\infty}$ が正規直交系であることを意味しており，これは極めて重要である．なぜならば，フーリエ係数は L^2-内積により

$$\widehat{f}(n) = \langle f, e^{int}\rangle_{L^2}$$

と表されるので，フーリエ級数展開を (1.4.8) のように，

$$f(t) = \sum_{n=-\infty}^{\infty} \langle f, e^{int}\rangle_{L^2} e^{int}$$

と表すことができるからである．この意味で，f のフーリエ係数は，f をベクトルと見なしたときの座標成分に他ならない．

以下，L^2-ノルムと L^2-内積に関するいくつかの事実を列挙する．これらは，証明も含めて第1章の内容と非常によく似ていることに注目しよう．

定理 2.3.4（コーシー・シュワルツの不等式）. 周期 2π の複素数値関数 f, g に対し，

$$|\langle f, g\rangle_{L^2}| \leq \|f\|_{L^2}\|g\|_{L^2}$$

が成り立つ．

証明 $\langle f, g\rangle_{L^2} = 0$ のときは自明であるから，以下，$\langle f, g\rangle_{L^2} \neq 0$ の場合を考える．実数 t に対し，

$$0 \leq \|tf + g\|_{L^2}^2 = \langle tf + g, tf + g\rangle_{L^2} = t^2\|f\|_{L^2}^2 + 2t\,\mathrm{Re}\langle f, g\rangle_{L^2} + \|g\|_{L^2}^2$$

が成り立つ．ここで，定理 1.1.2 と同様に，t を変数とする二次方程式の判別式を考えることにより

$$(\mathrm{Re}\langle f, g\rangle_{L^2})^2 - \|f\|_{L^2}^2\|g\|_{L^2}^2 \leq 0$$

を得る．また，$\alpha = \langle f, g\rangle_{L^2}/|\langle f, g\rangle_{L^2}|$ とおくと，$\overline{\alpha}\langle f, g\rangle_{L^2} = |\langle f, g\rangle_{L^2}|$ と $|\alpha| = |\overline{\alpha}| = 1$ が成り立つので，上で示したことと合わせれば

$$\begin{aligned}
|\langle f, g\rangle_{L^2}|^2 - \|f\|_{L^2}^2\|g\|_{L^2}^2 &= (\overline{\alpha}\langle f, g\rangle_{L^2})^2 - |\overline{\alpha}|^2\|f\|_{L^2}^2\|g\|_{L^2}^2 \\
&= (\mathrm{Re}\langle \overline{\alpha} f, g\rangle_{L^2})^2 - \|\overline{\alpha} f\|_{L^2}^2\|g\|_{L^2}^2 \\
&\leq 0
\end{aligned}$$

が導かれる．従って，

$$|\langle f, g\rangle_{L^2}| \leq \|f\|_{L^2}\|g\|_{L^2}$$

が成り立つことがわかった． □

例題 2.3.5. n を自然数とし，$\{c_j\}_{j=-n}^n$, $\{d_j\}_{j=-n}^n \subset \mathbb{C}$ に対し，

$$f = \sum_{j=-n}^{n} c_j e^{ijt}, \quad g = \sum_{j=-n}^{n} d_j e^{ijt}$$

と定める．このとき，

(i) $\|f\|_{L^2}^2 = \sum_{j=-n}^{n} |c_j|^2 = \sum_{j=-n}^{n} |\langle f, e^{ijt} \rangle_{L^2}|^2$

(ii) $\langle f, g \rangle_{L^2} = \sum_{j=-n}^{n} c_j \overline{d_j} = \sum_{j=-n}^{n} \langle f, e^{ijt} \rangle_{L^2} \langle e^{ijt}, g \rangle_{L^2}$

(iii) $\left| \sum_{j=-n}^{n} c_j \overline{d_j} \right| \leq \left(\sum_{j=-n}^{n} |c_j|^2 \right)^{1/2} \left(\sum_{j=-n}^{n} |d_j|^2 \right)^{1/2}$

が成り立つことを示せ.

解答　まず,

$$\left\langle \sum_{j=-n}^{n} c_j e^{ijt}, e^{ikt} \right\rangle_{L^2} = \sum_{j=-n}^{n} c_j \langle e^{ijt}, e^{ikt} \rangle_{L^2}$$

のように $\sum$ を外に出して計算できることに注意しよう．よって，(2.3.1) により,

$$\begin{aligned} \|f\|_{L^2}^2 = \langle f, f \rangle_{L^2} &= \left\langle \sum_{j=-n}^{n} c_j e^{ijt}, \sum_{k=-n}^{n} c_k e^{ikt} \right\rangle_{L^2} \\ &= \sum_{j,k=-n}^{n} c_j \overline{c_k} \langle e^{ijt}, e^{ikt} \rangle_{L^2} = \sum_{j=-n}^{n} |c_j|^2 \end{aligned}$$

が成り立つ．このようにして，(i) を得る．(ii) も同様に示すことができる．(iii) は (i), (ii) とコーシー・シュワルツの不等式（定理 2.3.4）を組み合わせればよい. □

例題 2.3.6（三角不等式）.　周期 2π の複素数値関数 f, g に対し,

$$\|f + g\|_{L^2} \leq \|f\|_{L^2} + \|g\|_{L^2}$$

が成り立つことを示せ.

解答　コーシー・シュワルツの不等式（定理 2.3.4）により,

$$\begin{aligned} (\|f\|_{L^2} + \|g\|_{L^2})^2 - \|f + g\|_{L^2}^2 &= 2(\|f\|_{L^2} \|g\|_{L^2} - \mathrm{Re}\langle f, g \rangle_{L^2}) \\ &\geq 2(\|f\|_{L^2} \|g\|_{L^2} - |\langle f, g \rangle_{L^2}|) \\ &\geq 0 \end{aligned}$$

が成り立つ．ここから

$$\|f+g\|_{L^2} \leq \|f\|_{L^2} + \|g\|_{L^2}$$

が導かれる． □

コーシー・シュワルツの不等式と三角不等式が得られたので，今考えている関数の空間にも角度と距離の概念を与えることができる．

例題 2.3.7. $n \geq 1$ とする．周期 2π の複素数値関数 f に対し，

$$S_n f = \sum_{j=-n}^{n} \widehat{f}(j) e^{ijt}$$

と定める．S_n が線形写像であることを示せ．さらに，周期 2π の複素数値関数 f, g に対し，

(i) $\langle S_n f, g \rangle_{L^2} = \langle f, S_n g \rangle_{L^2}$

(ii) $S_n(S_n f) = S_n f$

が成り立つことを示せ [*3]．

解答 まず，

$$S_n f = \sum_{j=-n}^{n} \langle f, e^{ijt} \rangle_{L^2} e^{ijt}$$

と表すことができるので，1.3 節で定めた P の場合と同様にして，S_n が線形写像であることがわかる．(i), (ii) についても，例題 1.3.1 とほぼ同じである．例えば，(ii) を示すには (2.3.1) から $S_n e^{ijt} = e^{ijt}$ $(-n \leq j \leq n)$ が導かれることに注意して，

$$\begin{aligned} S_n(S_n f) = S_n \left(\sum_{j=-n}^{n} \widehat{f}(j) e^{ijt} \right) &= \sum_{j=-n}^{n} \widehat{f}(j) S_n e^{ijt} \\ &= \sum_{j=-n}^{n} \widehat{f}(j) e^{ijt} = S_n f \end{aligned}$$

[*3] 例題 1.3.1 とよく似ていることに注目しよう．

と計算すればよい．　□

ここで，周期 2π の複素数値関数 f に対し，$\|f-S_nf\|_{L^2}^2$ を計算してみると，

$$
\begin{aligned}
0 &\leq \|f-S_nf\|_{L^2}^2 \\
&= \left\| f - \sum_{j=-n}^{n} \widehat{f}(j)e^{ijt} \right\|_{L^2}^2 \\
&= \|f\|_{L^2}^2 - 2\,\mathrm{Re}\left\langle f, \sum_{j=-n}^{n} \widehat{f}(j)e^{ijt} \right\rangle_{L^2} + \left\| \sum_{j=-n}^{n} \widehat{f}(j)e^{ijt} \right\|_{L^2}^2 \\
&= \|f\|_{L^2}^2 - 2\sum_{j=-n}^{n} |\widehat{f}(j)|^2 + \sum_{j=-n}^{n} |\widehat{f}(j)|^2 \\
&= \|f\|_{L^2}^2 - \sum_{j=-n}^{n} |\widehat{f}(j)|^2
\end{aligned}
$$

が成り立つ．よって，

$$
\sum_{j=-n}^{n} |\widehat{f}(j)|^2 \leq \|f\|_{L^2}^2
$$

を得る．さらに，フーリエ級数の理論によると，L^2-ノルムが有限な関数 f に対し，

$$
\|f\|_{L^2}^2 = \sum_{n=-\infty}^{\infty} |\widehat{f}(n)|^2 \quad \text{（\textbf{パーセヴァルの等式}）}
$$

が成り立つ．例題 2.2.3 の関数にパーセヴァルの等式を適用してみよう．まず，$f(t)=t$ $(0 \leq t < 2\pi)$ と定める．例題 2.2.3 によると f のフーリエ係数は

$$
\widehat{f}(n) = \begin{cases} \pi & (n=0) \\ \dfrac{i}{n} & (n \neq 0) \end{cases}
$$

であった．また，

$$
\|f\|_{L^2}^2 = \frac{1}{2\pi}\int_0^{2\pi} |t|^2\, dt = \frac{4\pi^2}{3}
$$

である．よって，パーセヴァルの等式により，

$$\frac{4\pi^2}{3} = \pi^2 + 2\sum_{n=1}^{\infty}\frac{1}{n^2}$$

が成り立つ．この式を整理すれば，

$$\sum_{n=1}^{\infty}\frac{1}{n^2} = \frac{\pi^2}{6}$$

を得る．

2.4　コーシーの積分公式

$R>0$ に対し，複素平面内の円板 $\mathbb{D}_R$ を

$$\mathbb{D}_R = \{z \in \mathbb{C} : |z| < R\}$$

と定める．$\mathbb{D}_R$ は中心が 0 で半径が R の円板である．$\mathbb{D}_R$ に円周 $|z|=R$ は含まれていないことに注意しよう．$R=1$ のとき，$\mathbb{D}=\mathbb{D}_1$ と略記する．

$R>1$ のとき，$\mathbb{D}_R$ で正則な関数 f と複素数 $\lambda \in \mathbb{D}$ に対し，**コーシーの積分公式**

$$f(\lambda) = \frac{1}{2\pi i}\int_{|z|=1}\frac{f(z)}{z-\lambda}\,dz$$

が成り立つ．ここで，

$$k_\lambda(z) = \frac{1}{1-\overline{\lambda}z}$$

と定めよう．このとき，$k_\lambda(z)$ は $\mathbb{D}_R$ $(R=1/|\lambda|>1)$ で正則な関数である．$\lambda=0$ のときは $R=\infty$ と考える．

この k_λ を用いると，コーシーの積分公式は

$$\begin{aligned}
f(\lambda) &= \frac{1}{2\pi i}\int_{|z|=1}\frac{f(z)}{z-\lambda}\,dz \\
&= \frac{1}{2\pi i}\int_0^{2\pi}\frac{f(e^{it})}{e^{it}-\lambda}\,ie^{it}\,dt \\
&= \frac{1}{2\pi}\int_0^{2\pi}\frac{f(e^{it})}{1-\lambda e^{-it}}\,dt \\
&= \langle f, k_\lambda\rangle_{L^2}
\end{aligned}$$

と L^2-内積を用いて書き換えられる．これも第1章の最後のように

「関数 f に λ を代入するという操作が L^2-内積 $\langle f, k_\lambda \rangle_{L^2}$ で表された」

と読むことができる．このように，代入が内積で表される数学は自然に現れる．この章を次の例題で締めよう．

例題 2.4.1.　$k_\lambda(z)$ を z と λ の2変数関数と見なし，$k_\lambda(z) = k(z, \lambda)$ と表す．このとき，任意の $\lambda_1, \ldots, \lambda_N \in \mathbb{D}$, $c_1, \ldots, c_N \in \mathbb{C}$ に対し，

$$\sum_{m,n=1}^{N} c_m \overline{c_n} k(\lambda_n, \lambda_m) \geq 0$$

が成り立つことを示せ．

解答　k_λ に μ を代入する操作は内積 $\langle k_\lambda, k_\mu \rangle_{L^2}$ により表されるので，

$$\langle k_\lambda, k_\mu \rangle_{L^2} = k_\lambda(\mu) = k(\mu, \lambda) \quad (\lambda, \mu \in \mathbb{D})$$

が成り立つ．よって，

$$\begin{aligned} \sum_{m,n=1}^{N} c_m \overline{c_n} k(\lambda_n, \lambda_m) &= \left\langle \sum_{m=1}^{N} c_m k_{\lambda_m}, \sum_{n=1}^{N} c_n k_{\lambda_n} \right\rangle_{L^2} \\ &= \left\| \sum_{n=1}^{N} c_n k_{\lambda_n} \right\|_{L^2}^2 \geq 0 \end{aligned}$$

を得る．　□

第3章 内積の数学3（ヒルベルト空間論）

カーネル法を支えているのは，ヒルベルト空間の理論である．第3章ではヒルベルト空間の基礎理論を解説しよう．ここで，第1章と第2章の数学に対する統一的な視点が得られる．

3.1 ヒルベルトの ℓ^2 空間

ヒルベルト空間とは，フーリエ級数の理論におけるパーセヴァルの等式

$$\frac{1}{2\pi}\int_0^{2\pi} |f(t)|^2\, dt = \sum_{n=-\infty}^{\infty} |\widehat{f}(n)|^2$$

を抽象化して得られる概念である．この節では，具体的なヒルベルト空間の代表である2乗総和可能な数列の全体

$$\ell^2(\mathbb{N}) = \left\{ \{c_n\}_{n\geq 1} \subset \mathbb{R} : \sum_{n=1}^{\infty} |c_n|^2 < +\infty \right\}$$

を例に，ヒルベルト空間の構造を解き明かしていこう [*1]．ここで，$\mathbb{N}$ は自然数の全体を表す．

まず，ある番号から先は0となる実数列の全体 $\mathbb{R}_0^\infty$ を考える．これから，数列 $\{c_1, c_2, \ldots, c_n, \ldots\}$ とベクトル $(c_1, c_2, \ldots, c_n, \ldots)$ を区別しないで扱う．例えば，

$$\left(1, \frac{1}{2}, \frac{1}{3}, \ldots, \frac{1}{n}, 0, 0, 0, \ldots\right) \in \mathbb{R}_0^\infty \quad (n+1 \text{ 番目以降すべて } 0) \tag{3.1.1}$$

[*1] 本書では第2章を除いて，ベクトル空間といえば実ベクトル空間を考える．

である．また，

$$\boldsymbol{c} = (c_n) = (c_1, c_2, \ldots)$$

のように略記しよう．$\mathbb{R}_0^\infty$ は数列に関する通常の足し算と定数倍

$$\alpha(c_n) + \beta(d_n) = (\alpha c_n + \beta d_n) \quad ((c_n), (d_n) \in \mathbb{R}_0^\infty,\ \alpha, \beta \in \mathbb{R})$$

でベクトル空間となる．また，

$$\langle \boldsymbol{c}, \boldsymbol{d} \rangle_{\ell^2} = \sum_{n=1}^{\infty} c_n d_n \quad (\boldsymbol{c} = (c_n), \boldsymbol{d} = (d_n) \in \mathbb{R}_0^\infty)$$

は $\mathbb{R}_0^\infty$ 上に内積を定める．この右辺は実際には有限和であることに注意しよう．この内積を用いて

$$\|\boldsymbol{c}\|_{\ell^2} = \sqrt{\langle \boldsymbol{c}, \boldsymbol{c} \rangle_{\ell^2}} = \left(\sum_{n=1}^{\infty} |c_n|^2 \right)^{1/2} \qquad (\boldsymbol{c} = (c_n) \in \mathbb{R}_0^\infty)$$

と $\mathbb{R}_0^\infty$ 上のノルムを定める．やはり，最右辺の平方根の中は実際には有限和である．簡潔に述べれば，$\mathbb{R}_0^\infty$ はベクトル空間の増大列

$$\mathbb{R} \subset \mathbb{R}^2 \subset \mathbb{R}^3 \subset \cdots \subset \mathbb{R}^n \subset \cdots$$

を考えていることと同じである．ただし，(3.1.1) の極限

$$\left(1, \frac{1}{2}, \frac{1}{3}, \ldots, \frac{1}{n}, \ldots\right)$$

のように，0 ではない値が無限に続くベクトルは $\mathbb{R}_0^\infty$ に入らないことに注意しなくてはならない．このままでは極限操作が不便であるので，$\mathbb{R}_0^\infty$ の**完備化**を考える．

完備化とは

例えば，有理数の全体を $\mathbb{Q}$ とすると，$\mathbb{Q}$ の完備化により実数の全体 $\mathbb{R}$ が得られる．実数列 $\{a_n\}_{n=1}^\infty$ に対し，$\lim_{n,m\to\infty} |a_n - a_m| = 0$ のとき，$\lim_{n\to\infty} a_n$ が $\underline{\mathbb{R}\text{ の中に}}$ 存在する．これを $\mathbb{R}$ の完備性という．一方，$\mathbb{Q}$ は完備ではない．例えば，$a_1 = 1$, $a_2 = 1.4$, $a_3 = 1.41$, $a_4 = 1.414, \ldots$ は有理数の列

であり，$\lim_{n,m\to\infty}|a_n - a_m| = 0$ をみたすが，その極限 $\lim_{n\to\infty} a_n = \sqrt{2}$ は無理数であり $\mathbb{Q}$ の枠からはみ出してしまう．少々正確でない述べ方であるが，収束する有理数列の極限を $\mathbb{Q}$ にすべて追加して，$\mathbb{R}$ が得られる．この作業を完備化という．

完備化の一般論については荷見 [5] の第 1 章 1 節と第 2 章 9 節を参照することにして，ここでは，今の設定に限って完備化について解説しよう．$\mathbb{R}_0^\infty$ 内のベクトルの列を $\{\boldsymbol{c}^{(k)}\}_k$ と表すことにしよう．$\boldsymbol{c}^{(k)}$ も数列であることに注意し，$\boldsymbol{c}^{(k)} = (c_n^{(k)})$ と表す．今の設定での完備化とは，

$$\|\boldsymbol{c}^{(j)} - \boldsymbol{c}^{(k)}\|_{\ell^2} \to 0 \quad (j,k\to\infty)$$

をみたすベクトルの列 $\{\boldsymbol{c}^{(k)}\}_k$ の極限を $\mathbb{R}_0^\infty$ に追加することである．詳細は後述するが，これは

$$\sum_{n=1}^{\infty}|c_n|^2$$

が有限な値に収束する数列すべてを考えることと同じである．従って，$\mathbb{R}_0^\infty$ を完備化すると，

$$\ell^2(\mathbb{N}) = \left\{(c_n)\subset\mathbb{R} : \sum_{n=1}^{\infty}|c_n|^2 < +\infty\right\}$$

が得られる．特に，

$$\sum_{n=1}^{\infty}\frac{1}{n^2} < \infty$$

であるから，

$$\left(1, \frac{1}{2}, \frac{1}{3}, \ldots, \frac{1}{n}, \ldots\right) \in \ell^2(\mathbb{N})$$

となる．大事なことは，完備化後の $\ell^2(\mathbb{N})$ は $\mathbb{R}_0^\infty$ の構造をそのまま引き継いでいることである．それを順番に確認しよう．以下では，

$$\mathbf{0} = (0,0,0,\ldots) \quad (0\text{ が無限に続く数列})$$

と表す．

ベクトル空間であること

$\boldsymbol{c} = (c_n)$, $\boldsymbol{d} = (d_n) \in \ell^2(\mathbb{N})$, $\alpha, \beta \in \mathbb{R}$ に対し，

$$\alpha\boldsymbol{c} + \beta\boldsymbol{d} = (\alpha c_n + \beta d_n) \in \ell^2(\mathbb{N})$$

が成り立つ．すなわち，$\ell^2(\mathbb{N})$ はベクトル空間である．例えば，$\boldsymbol{c} + \boldsymbol{d} \in \ell^2(\mathbb{N})$ は以下のように示すことができる．$\boldsymbol{c} = (c_n)$, $\boldsymbol{d} = (d_n) \in \ell^2(\mathbb{N})$ に対し，$\mathbb{R}^k$ での三角不等式

$$\left(\sum_{n=1}^{k} |c_n + d_n|^2\right)^{1/2} \leq \left(\sum_{n=1}^{k} |c_n|^2\right)^{1/2} + \left(\sum_{n=1}^{k} |d_n|^2\right)^{1/2}$$

にて $k \to \infty$ と極限をとることにより，

$$\left(\sum_{n=1}^{\infty} |c_n + d_n|^2\right)^{1/2} \leq \left(\sum_{n=1}^{\infty} |c_n|^2\right)^{1/2} + \left(\sum_{n=1}^{\infty} |d_n|^2\right)^{1/2} < \infty$$

が成り立つことがわかる．よって，$\boldsymbol{c} + \boldsymbol{d} \in \ell^2(\mathbb{N})$ を得る．

内積が入ること

先ほどと同様に，$\boldsymbol{c} = (c_n)$, $\boldsymbol{d} = (d_n) \in \ell^2(\mathbb{N})$ に対し，$\mathbb{R}^k$ でのコーシー・シュワルツの不等式

$$\sum_{n=1}^{k} |c_n d_n| \leq \left(\sum_{n=1}^{k} |c_n|^2\right)^{1/2} \left(\sum_{n=1}^{k} |d_n|^2\right)^{1/2}$$

にて $k \to \infty$ と極限をとることにより，

$$\sum_{n=1}^{\infty} |c_n d_n| \leq \left(\sum_{n=1}^{\infty} |c_n|^2\right)^{1/2} \left(\sum_{n=1}^{\infty} |d_n|^2\right)^{1/2} < \infty$$

が成り立つことがわかる．よって，

$$\sum_{n=1}^{\infty} c_n d_n$$

は絶対収束する．この極限値を $\langle \boldsymbol{c}, \boldsymbol{d} \rangle_{\ell^2}$ と表そう．すなわち，$\boldsymbol{c} = (c_n)$, $\boldsymbol{d} = (d_n) \in \ell^2(\mathbb{N})$ に対し，

$$\langle \boldsymbol{c}, \boldsymbol{d} \rangle_{\ell^2} = \sum_{n=1}^{\infty} c_n d_n$$

と定める．今，右辺は有限な値として定まる．この $\langle \cdot, \cdot \rangle_{\ell^2}$ は $\ell^2(\mathbb{N})$ 上の内積である．実際，任意の $\boldsymbol{c}, \boldsymbol{d}, \boldsymbol{e} \in \ell^2(\mathbb{N})$, $\alpha \in \mathbb{R}$ に対し，次が成り立つことは極限の性質から明らかであろう．

(1) $\langle \boldsymbol{c}, \boldsymbol{d} + \boldsymbol{e} \rangle_{\ell^2} = \langle \boldsymbol{c}, \boldsymbol{d} \rangle_{\ell^2} + \langle \boldsymbol{c}, \boldsymbol{e} \rangle_{\ell^2}, \quad \langle \boldsymbol{c} + \boldsymbol{d}, \boldsymbol{e} \rangle_{\ell^2} = \langle \boldsymbol{c}, \boldsymbol{e} \rangle_{\ell^2} + \langle \boldsymbol{d}, \boldsymbol{e} \rangle_{\ell^2}$

(2) $\langle \alpha \boldsymbol{c}, \boldsymbol{d} \rangle_{\ell^2} = \alpha \langle \boldsymbol{c}, \boldsymbol{d} \rangle_{\ell^2} = \langle \boldsymbol{c}, \alpha \boldsymbol{d} \rangle_{\ell^2}$

(3) $\langle \boldsymbol{c}, \boldsymbol{d} \rangle_{\ell^2} = \langle \boldsymbol{d}, \boldsymbol{c} \rangle_{\ell^2}$

(4) $\langle \boldsymbol{c}, \boldsymbol{c} \rangle_{\ell^2} \geq 0$

(5) $\langle \boldsymbol{c}, \boldsymbol{c} \rangle_{\ell^2} = 0 \Leftrightarrow \boldsymbol{c} = \boldsymbol{0}$.

ノルムが入ること

$\boldsymbol{c} \in \ell^2(\mathbb{N})$ に対し，

$$\|\boldsymbol{c}\|_{\ell^2} = \sqrt{\langle \boldsymbol{c}, \boldsymbol{c} \rangle_{\ell^2}} = \left(\sum_{n=1}^{\infty} |c_n|^2 \right)^{1/2}$$

と定める．内積のときと同様に，$\mathbb{R}^k$ で成り立っていた対応する式で極限をとれば，

(6) $\|\boldsymbol{c}\|_{\ell^2} \geq 0$

(7) $\|\boldsymbol{c}\|_{\ell^2} = 0 \Leftrightarrow \boldsymbol{c} = \boldsymbol{0}$

(8) $\|\alpha \boldsymbol{c}\|_{\ell^2} = |\alpha| \|\boldsymbol{c}\|_{\ell^2}$ $(\alpha \in \mathbb{R})$

(9) $\|\boldsymbol{c} + \boldsymbol{d}\|_{\ell^2} \leq \|\boldsymbol{c}\|_{\ell^2} + \|\boldsymbol{d}\|_{\ell^2}$ （三角不等式）

が成り立つことがわかる．従って，$\|\cdot\|_{\ell^2}$ は $\ell^2(\mathbb{N})$ 上のノルムである．

以上のことから，$\boldsymbol{c}$ と $\boldsymbol{d}$ の間の距離を $\|\boldsymbol{c} - \boldsymbol{d}\|_{\ell^2}$ と定めれば $\ell^2(\mathbb{N})$ に距離が入る．さらに，$\boldsymbol{c} \neq \boldsymbol{0}$ かつ $\boldsymbol{d} \neq \boldsymbol{0}$ のとき，

$$\cos\theta = \frac{\langle \boldsymbol{c}, \boldsymbol{d} \rangle_{\ell^2}}{\|\boldsymbol{c}\|_{\ell^2} \|\boldsymbol{d}\|_{\ell^2}} \quad (0 \leq \theta \leq \pi)$$

と定めれば，$\ell^2(\mathbb{N})$ の中でも角度が考えられる．さて，ここまでは $\mathbb{R}_0^\infty$ でも同様であるが，$\ell^2(\mathbb{N})$ と $\mathbb{R}_0^\infty$ との最も大きな違いは $\ell^2(\mathbb{N})$ の完備性である．

完備性

ここでは，$\ell^2(\mathbb{N})$ 内のベクトルの列を $\{\boldsymbol{c}^{(k)}\}_k$ と表すことにしよう．$\boldsymbol{c}^{(k)}$ も数列であることに注意し，$\boldsymbol{c}^{(k)} = (c_n^{(k)})$ と表す．

$$\|\boldsymbol{c}^{(j)} - \boldsymbol{c}^{(k)}\|_{\ell^2} \to 0 \quad (j, k \to \infty)$$

をみたす $\{\boldsymbol{c}^{(k)}\}_k$ は**コーシー列**とよばれる．任意のコーシー列 $\{\boldsymbol{c}^{(k)}\}_k$ に対し，

$$\|\boldsymbol{c}^{(k)} - \boldsymbol{c}\|_{\ell^2} \to 0 \quad (k \to \infty)$$

をみたす $\boldsymbol{c} \in \ell^2(\mathbb{N})$ が存在する．この性質を $\ell^2(\mathbb{N})$ の**完備性**という．

以下，実際に $\ell^2(\mathbb{N})$ が完備であることを示そう．$\{\boldsymbol{c}^{(k)}\}_k$ をコーシー列としよう．すなわち，

$$\|\boldsymbol{c}^{(j)} - \boldsymbol{c}^{(k)}\|_{\ell^2} \to 0 \quad (j, k \to \infty)$$

を仮定する．このとき，

$$|c_n^{(j)} - c_n^{(k)}| \leq \|\boldsymbol{c}^{(j)} - \boldsymbol{c}^{(k)}\|_{\ell^2} \to 0 \quad (j, k \to \infty)$$

であるから，$\mathbb{R}$ の完備性により $c_n = \lim_{k\to\infty} c_n^{(k)}$ が存在する．$\boldsymbol{c} = (c_n)$ とおく．$\{\boldsymbol{c}^{(k)}\}_k$ は $\ell^2(\mathbb{N})$ のコーシー列であるから，任意の $\varepsilon > 0$ に対し，k を十分大きくとれば，任意の $N \in \mathbb{N}$ に対し，

$$\sum_{n=1}^{N} |c_n^{(k)} - c_n|^2 = \lim_{j\to\infty} \sum_{n=1}^{N} |c_n^{(k)} - c_n^{(j)}|^2 \leq \lim_{j\to\infty} \|\boldsymbol{c}^{(k)} - \boldsymbol{c}^{(j)}\|_{\ell^2}^2 < \varepsilon^2$$

が成り立つことがわかる．ここで $N \to \infty$ とすれば，

$$\sum_{n=1}^{\infty} |c_n^{(k)} - c_n|^2 \leq \varepsilon^2$$

を得る．これは $\boldsymbol{c}^{(k)} - \boldsymbol{c} \in \ell^2(\mathbb{N})$ かつ $\|\boldsymbol{c}^{(k)} - \boldsymbol{c}\|_{\ell^2} \leq \varepsilon$ を意味する．よって，

$$\|\boldsymbol{c}^{(k)} - \boldsymbol{c}\|_{\ell^2} \to 0 \quad (k \to \infty)$$

が成り立つことがわかった．最後に，$\ell^2(\mathbb{N})$ はベクトル空間であり，$\boldsymbol{c} = \boldsymbol{c}^{(k)} - (\boldsymbol{c}^{(k)} - \boldsymbol{c})$ であるから，$\boldsymbol{c} \in \ell^2(\mathbb{N})$ も得られる．よって，$\ell^2(\mathbb{N})$ は完備である．

$\ell^2(\mathbb{N})$ のように，内積から定まるノルムに関し完備であるベクトル空間はヒルベルト空間とよばれる．$\ell^2(\mathbb{N})$ は無限次元ヒルベルト空間の代表的な例である．

3.2　抽象ヒルベルト空間

定義 3.2.1.　ベクトル空間 $\mathcal{H}$ に内積が備わっており，その内積から定まるノルムに関し $\mathcal{H}$ が完備であるとき，$\mathcal{H}$ は**ヒルベルト空間**とよばれる．

前節との重複を厭わず，この定義の意味をていねいに述べよう．まず，$\mathcal{H}$ はベクトル空間である．次に，$\mathcal{H}$ の任意のベクトル $\boldsymbol{x}$, $\boldsymbol{y}$ に対し，実数 $\langle \boldsymbol{x}, \boldsymbol{y} \rangle_{\mathcal{H}}$ が定まり，次の (1)〜(5) をみたす．任意の $\boldsymbol{x}, \boldsymbol{y}, \boldsymbol{z} \in \mathcal{H}$ と $\alpha \in \mathbb{R}$ に対し，

(1)　$\langle \boldsymbol{x}, \boldsymbol{y} + \boldsymbol{z} \rangle_{\mathcal{H}} = \langle \boldsymbol{x}, \boldsymbol{y} \rangle_{\mathcal{H}} + \langle \boldsymbol{x}, \boldsymbol{z} \rangle_{\mathcal{H}}$,　$\langle \boldsymbol{x} + \boldsymbol{y}, \boldsymbol{z} \rangle_{\mathcal{H}} = \langle \boldsymbol{x}, \boldsymbol{z} \rangle_{\mathcal{H}} + \langle \boldsymbol{y}, \boldsymbol{z} \rangle_{\mathcal{H}}$

(2)　$\langle \alpha \boldsymbol{x}, \boldsymbol{y} \rangle_{\mathcal{H}} = \alpha \langle \boldsymbol{x}, \boldsymbol{y} \rangle_{\mathcal{H}} = \langle \boldsymbol{x}, \alpha \boldsymbol{y} \rangle_{\mathcal{H}}$

(3)　$\langle \boldsymbol{x}, \boldsymbol{y} \rangle_{\mathcal{H}} = \langle \boldsymbol{y}, \boldsymbol{x} \rangle_{\mathcal{H}}$

(4)　$\langle \boldsymbol{x}, \boldsymbol{x} \rangle_{\mathcal{H}} \geq 0$

(5)　$\langle \boldsymbol{x}, \boldsymbol{x} \rangle_{\mathcal{H}} = 0 \Leftrightarrow \boldsymbol{x} = \boldsymbol{0}$.

この $\langle \cdot, \cdot \rangle_{\mathcal{H}}$ は $\mathcal{H}$ 上の**内積**とよばれる．ここで，

$$\|\boldsymbol{x}\|_{\mathcal{H}} = \sqrt{\langle \boldsymbol{x}, \boldsymbol{x} \rangle_{\mathcal{H}}} \quad (\boldsymbol{x} \in \mathcal{H})$$

と定めると $\|\cdot\|_{\mathcal{H}}$ は $\mathcal{H}$ 上の**ノルム**である．すなわち，任意の $\boldsymbol{x}, \boldsymbol{y} \in \mathcal{H}$ と $\alpha \in \mathbb{R}$ に対し，

(6)　$\|\boldsymbol{x}\|_{\mathcal{H}} \geq 0$

(7)　$\|\boldsymbol{x}\|_{\mathcal{H}} = 0 \Leftrightarrow \boldsymbol{x} = \boldsymbol{0}$

(8)　$\|\alpha \boldsymbol{x}\|_{\mathcal{H}} = |\alpha| \|\boldsymbol{x}\|_{\mathcal{H}}$

(9)　$\|\boldsymbol{x} + \boldsymbol{y}\|_{\mathcal{H}} \leq \|\boldsymbol{x}\|_{\mathcal{H}} + \|\boldsymbol{y}\|_{\mathcal{H}}$（三角不等式）

が成り立つ[*2]．そしてさらに，$\mathcal{H}$ が次の (10) をみたすとき，$\mathcal{H}$ は**ヒルベルト空間**とよばれる．

(10)　$\mathcal{H}$ は**完備**である．すなわち，

$$\|\boldsymbol{x}_m - \boldsymbol{x}_n\|_{\mathcal{H}} \to 0 \quad (m, n \to \infty)$$

をみたす $\mathcal{H}$ 内の列 $\{\boldsymbol{x}_n\}_n$ を**コーシー列**とよぶとき，$\mathcal{H}$ 内の任意のコーシー列 $\{\boldsymbol{x}_n\}_n$ に対し，

$$\|\boldsymbol{x}_n - \boldsymbol{x}\|_{\mathcal{H}} \to 0 \quad (n \to \infty)$$

をみたす $\boldsymbol{x} \in \mathcal{H}$ が存在する．

条件が10個もありなかなか大変であるが，これらの条件がカーネル法の基礎となる直交射影の方法を支えているのである．特に，完備性により，ヒルベルト空間 $\mathcal{H}$ の中では極限を安心して考えることができる．これまでと同様に，$\boldsymbol{x}_n, \boldsymbol{x} \in \mathcal{H}$ に対し，$\lim_{n\to\infty} \|\boldsymbol{x}_n - \boldsymbol{x}\|_{\mathcal{H}} = 0$ のとき，$\boldsymbol{x}_n \to \boldsymbol{x}$ $(n \to \infty)$ や $\boldsymbol{x} = \lim_{n\to\infty} \boldsymbol{x}_n$ と表し，$\boldsymbol{x}_n$ が $\boldsymbol{x}$ に収束するということにしよう．

$\mathbb{R}^n$ や $\ell^2(\mathbb{N})$ はヒルベルト空間である．$\mathbb{R}^n$ と $\ell^2(\mathbb{N})$ の特筆すべき違いは，$\mathbb{R}^n$ の次元は n であるが，$\ell^2(\mathbb{N})$ には座標が無限個あったので無限次元であることである．まずは次の六つの例題で抽象ヒルベルト空間での計算に慣れよう．以下，$\mathcal{H}$ はヒルベルト空間とし，内積 $\langle\cdot,\cdot\rangle_{\mathcal{H}}$ とノルム $\|\cdot\|_{\mathcal{H}}$ を単に $\langle\cdot,\cdot\rangle, \|\cdot\|$ と表すことにする．

例題 3.2.2（コーシー・シュワルツの不等式）．　任意の $\boldsymbol{x}, \boldsymbol{y} \in \mathcal{H}$ に対し，

$$|\langle \boldsymbol{x}, \boldsymbol{y}\rangle| \le \|\boldsymbol{x}\|\|\boldsymbol{y}\|$$

が成り立つことを示せ．

解答　定理 1.1.2 とまったく同じである．□

例題 3.2.3（内積の連続性）．　$\boldsymbol{x}_n, \boldsymbol{x} \in \mathcal{H}$ とする．$\boldsymbol{x}_n$ が $\boldsymbol{x}$ に収束するとき，すなわち，$\|\boldsymbol{x}_n - \boldsymbol{x}\| \to 0$ $(n \to \infty)$ のとき，任意の $\boldsymbol{y} \in \mathcal{H}$ に対し，$\langle \boldsymbol{x}_n, \boldsymbol{y}\rangle \to \langle \boldsymbol{x}, \boldsymbol{y}\rangle$ $(n \to \infty)$ が成り立つことを示せ．

[*2]　(9) 三角不等式については例題 3.2.4 を参照せよ．

解答 コーシー・シュワルツの不等式（例題 3.2.2）により，

$$0 \le |\langle \boldsymbol{x}_n, \boldsymbol{y} \rangle - \langle \boldsymbol{x}, \boldsymbol{y} \rangle| = |\langle \boldsymbol{x}_n - \boldsymbol{x}, \boldsymbol{y} \rangle| \le \|\boldsymbol{x}_n - \boldsymbol{x}\| \|\boldsymbol{y}\| \to 0 \quad (n \to \infty)$$

が成り立つ． □

例題 3.2.4（三角不等式）． 任意の $\boldsymbol{x}, \boldsymbol{y} \in \mathcal{H}$ に対し，

(i) $\|\boldsymbol{x} + \boldsymbol{y}\| \le \|\boldsymbol{x}\| + \|\boldsymbol{y}\|$

(ii) $|\|\boldsymbol{x}\| - \|\boldsymbol{y}\|| \le \|\boldsymbol{x} - \boldsymbol{y}\|$

が成り立つことを示せ．

解答 (i) は例題 1.1.3 とまったく同じである．(ii) を示そう．(i) から

$$\|\boldsymbol{x}\| = \|(\boldsymbol{x} - \boldsymbol{y}) + \boldsymbol{y}\| \le \|\boldsymbol{x} - \boldsymbol{y}\| + \|\boldsymbol{y}\|$$

が成り立つ．同様に，

$$\|\boldsymbol{y}\| = \|(\boldsymbol{y} - \boldsymbol{x}) + \boldsymbol{x}\| \le \|\boldsymbol{y} - \boldsymbol{x}\| + \|\boldsymbol{x}\|$$

も成り立つ．ここで，$\|\boldsymbol{x} - \boldsymbol{y}\| = \|\boldsymbol{y} - \boldsymbol{x}\|$ に注意すれば，

$$\pm(\|\boldsymbol{x}\| - \|\boldsymbol{y}\|) \le \|\boldsymbol{x} - \boldsymbol{y}\|$$

を得るが，これは

$$|\|\boldsymbol{x}\| - \|\boldsymbol{y}\|| \le \|\boldsymbol{x} - \boldsymbol{y}\|$$

とまとめられる． □

例題 3.2.5（ノルムの連続性）． $\boldsymbol{x}_n, \boldsymbol{x} \in \mathcal{H}$ とする．$\boldsymbol{x}_n$ が $\boldsymbol{x}$ に収束するとき，すなわち，$\|\boldsymbol{x}_n - \boldsymbol{x}\| \to 0$ $(n \to \infty)$ のとき，$\|\boldsymbol{x}_n\| \to \|\boldsymbol{x}\|$ $(n \to \infty)$ が成り立つことを示せ．

解答 例題 3.2.4 の (ii) から，

$$0 \le |\|\boldsymbol{x}_n\| - \|\boldsymbol{x}\|| \le \|\boldsymbol{x}_n - \boldsymbol{x}\| \to 0 \quad (n \to \infty)$$

が成り立つ． □

例題 3.2.6（内積の連続性 2）．　$\boldsymbol{x}_n, \boldsymbol{x}, \boldsymbol{y}_n, \boldsymbol{y} \in \mathcal{H}$ とする．$\boldsymbol{x}_n$ が $\boldsymbol{x}$ に，$\boldsymbol{y}_n$ が $\boldsymbol{y}$ に収束するとき，$\langle \boldsymbol{x}_n, \boldsymbol{y}_n \rangle \to \langle \boldsymbol{x}, \boldsymbol{y} \rangle \ (n \to \infty)$ が成り立つことを示せ．

解答　$\mathbb{R}$ における三角不等式，$\mathcal{H}$ でのコーシー・シュワルツの不等式（例題 3.2.2）とノルムの連続性（例題 3.2.5）から

$$
\begin{aligned}
0 \leq |\langle \boldsymbol{x}_n, \boldsymbol{y}_n \rangle - \langle \boldsymbol{x}, \boldsymbol{y} \rangle| &= |\langle \boldsymbol{x}_n, \boldsymbol{y}_n \rangle - \langle \boldsymbol{x}_n, \boldsymbol{y} \rangle + \langle \boldsymbol{x}_n, \boldsymbol{y} \rangle - \langle \boldsymbol{x}, \boldsymbol{y} \rangle| \\
&\leq |\langle \boldsymbol{x}_n, \boldsymbol{y}_n \rangle - \langle \boldsymbol{x}_n, \boldsymbol{y} \rangle| + |\langle \boldsymbol{x}_n, \boldsymbol{y} \rangle - \langle \boldsymbol{x}, \boldsymbol{y} \rangle| \\
&= |\langle \boldsymbol{x}_n, \boldsymbol{y}_n - \boldsymbol{y} \rangle| + |\langle \boldsymbol{x}_n - \boldsymbol{x}, \boldsymbol{y} \rangle| \\
&\leq \|\boldsymbol{x}_n\| \|\boldsymbol{y}_n - \boldsymbol{y}\| + \|\boldsymbol{x}_n - \boldsymbol{x}\| \|\boldsymbol{y}\| \\
&\to 0 \quad (n \to \infty)
\end{aligned}
$$

を得る．　□

例題 3.2.7（中線定理）．　任意の $\boldsymbol{x}, \boldsymbol{y} \in \mathcal{H}$ に対し，

$$
\|\boldsymbol{x} + \boldsymbol{y}\|^2 + \|\boldsymbol{x} - \boldsymbol{y}\|^2 = 2\|\boldsymbol{x}\|^2 + 2\|\boldsymbol{y}\|^2
$$

が成り立つことを示せ．

解答

$$
\begin{aligned}
\|\boldsymbol{x} + \boldsymbol{y}\|^2 + \|\boldsymbol{x} - \boldsymbol{y}\|^2 &= \|\boldsymbol{x}\|^2 + \|\boldsymbol{y}\|^2 + 2\langle \boldsymbol{x}, \boldsymbol{y} \rangle + \|\boldsymbol{x}\|^2 + \|\boldsymbol{y}\|^2 - 2\langle \boldsymbol{x}, \boldsymbol{y} \rangle \\
&= 2\|\boldsymbol{x}\|^2 + 2\|\boldsymbol{y}\|^2.
\end{aligned}
$$
□

3.3　射影定理

ヒルベルト空間には直交射影が豊富にあるため，平面幾何での経験を活かすことができる．ただし適用範囲があるため，用語をはっきりさせておく必要がある．

定義 3.3.1.　$\mathcal{M}$ を $\mathcal{H}$ の部分集合とする．任意の $\alpha, \beta \in \mathbb{R}$ と任意の $\boldsymbol{x}, \boldsymbol{y} \in \mathcal{M}$ に対し，

$$
\alpha \boldsymbol{x} + \beta \boldsymbol{y} \in \mathcal{M}
$$

が成り立つとき，$\mathcal{M}$ は $\mathcal{H}$ の**部分空間**とよばれる．

定義 3.3.2. $\mathcal{M}$ を $\mathcal{H}$ の部分集合とする．$\boldsymbol{x}_n \in \mathcal{M}$ $(n \in \mathbb{N})$ に対し，$\boldsymbol{x}_n \to \boldsymbol{x}$ $(n \to \infty)$ ならば $\boldsymbol{x} \in \mathcal{M}$ が成り立つとき，$\mathcal{M}$ は**閉集合**とよばれる．

部分空間 $\mathcal{M}$ が閉集合であるとき，$\mathcal{M}$ は**閉部分空間**とよばれる．$\mathcal{M}$ が $\mathcal{H}$ の閉部分空間であれば，$\mathcal{M}$ の中で $\mathcal{H}$ の演算と極限を考えても $\mathcal{M}$ の中で納まるのである．

例 3.3.3. n 個のベクトル $\boldsymbol{x}_1, \ldots, \boldsymbol{x}_n \in \mathcal{H}$ に対し，

$$\mathcal{M} = \mathcal{M}(\boldsymbol{x}_1, \ldots, \boldsymbol{x}_n) = \left\{ \sum_{j=1}^{n} c_j \boldsymbol{x}_j : c_j \in \mathbb{R} \ (j = 1, \ldots, n) \right\}$$

と定める．このとき，$\mathcal{M}$ は閉部分空間である．

$\mathcal{M}$ が部分空間であることは明らかであろう．$\mathcal{M}$ が閉集合であることを示そう．$\{\boldsymbol{x}_1, \ldots, \boldsymbol{x}_n\}$ が線形独立でないとき，線形独立になるように $\{\boldsymbol{x}_1, \ldots, \boldsymbol{x}_n\}$ からベクトルを一つずつ除いていけばよいので，最初から $\{\boldsymbol{x}_1, \ldots, \boldsymbol{x}_n\}$ は線形独立と仮定してよい．このとき，グラム・シュミットの直交化法がヒルベルト空間でも使え，

$$\mathcal{M} = \left\{ \sum_{j=1}^{n} c_j \boldsymbol{e}_j : c_j \in \mathbb{R} \ (j = 1, \ldots, n) \right\}$$

$$\langle \boldsymbol{e}_i, \boldsymbol{e}_j \rangle = \begin{cases} 1 & (i = j) \\ 0 & (i \neq j) \end{cases}$$

をみたす n 個のベクトル $\boldsymbol{e}_1, \ldots, \boldsymbol{e}_n$ を構成できる．さて，$\boldsymbol{x}_k \in \mathcal{M}$ に対し，$\|\boldsymbol{x}_k - \boldsymbol{x}\| \to 0$ $(k \to \infty)$ を仮定しよう．このとき，

$$\boldsymbol{x}_k = \sum_{j=1}^{n} c_j^{(k)} \boldsymbol{e}_j$$

と表せば，

$$\begin{aligned} 0 &\leq |c_j^{(k)} - c_j^{(\ell)}| \\ &\leq \left(\sum_{j=1}^{n} |c_j^{(k)} - c_j^{(\ell)}|^2 \right)^{1/2} \end{aligned}$$

$$
\begin{aligned}
&= \|\boldsymbol{x}_k - \boldsymbol{x}_\ell\| \\
&\le \|\boldsymbol{x}_k - \boldsymbol{x}\| + \|\boldsymbol{x} - \boldsymbol{x}_\ell\| \to 0 \quad (k, \ell \to \infty)
\end{aligned}
$$

が成り立つ．よって，$\mathbb{R}$ の完備性により，$c_j = \lim_{k\to\infty} c_j^{(k)}$ が存在する．ここで，ベクトル $\sum_{j=1}^{n} c_j \boldsymbol{e}_j \in \mathcal{M}$ を考えると，

$$
\begin{aligned}
0 &\le \left\| \sum_{j=1}^{n} c_j \boldsymbol{e}_j - \boldsymbol{x} \right\| \\
&\le \left\| \sum_{j=1}^{n} c_j \boldsymbol{e}_j - \boldsymbol{x}_k \right\| + \|\boldsymbol{x}_k - \boldsymbol{x}\| \\
&= \left(\sum_{j=1}^{n} |c_j - c_j^{(k)}|^2 \right)^{1/2} + \|\boldsymbol{x}_k - \boldsymbol{x}\| \to 0 \quad (k \to \infty)
\end{aligned}
$$

が成り立つ．よって，

$$
\boldsymbol{x} = \sum_{j=1}^{n} c_j \boldsymbol{e}_j \in \mathcal{M}
$$

が得られ，$\mathcal{M}$ は閉集合であることがわかった．

例 3.3.4.　$\mathcal{S}$ を $\mathcal{H}$ の部分集合とし，

$$
\mathcal{S}^\perp = \{\boldsymbol{y} \in \mathcal{H} : \langle \boldsymbol{x}, \boldsymbol{y} \rangle = 0 \ (\boldsymbol{x} \in \mathcal{S})\}
$$

と定める．すなわち，$\mathcal{S}^\perp$ は $\mathcal{S}$ と直交するベクトルの全体である．このとき，$\mathcal{S}^\perp$ は $\mathcal{H}$ の閉部分空間である．

実際，$\boldsymbol{y}, \boldsymbol{z} \in \mathcal{S}^\perp$ とするとき，任意の $\boldsymbol{x} \in \mathcal{S}$ と任意の $\alpha, \beta \in \mathbb{R}$ に対し，

$$
\langle \boldsymbol{x}, \alpha\boldsymbol{y} + \beta\boldsymbol{z} \rangle = \alpha\langle \boldsymbol{x}, \boldsymbol{y} \rangle + \beta\langle \boldsymbol{x}, \boldsymbol{z} \rangle = 0
$$

が成り立つ．よって，$\alpha\boldsymbol{y} + \beta\boldsymbol{z} \in \mathcal{S}^\perp$ を得る．また，$\boldsymbol{y}_n \in \mathcal{S}^\perp$ に対し，$\|\boldsymbol{y}_n - \boldsymbol{y}\| \to 0 \ (n \to \infty)$ を仮定する．このとき，内積の連続性（例題 3.2.3）により，任意の $\boldsymbol{x} \in \mathcal{S}$ に対し，

$$\langle \boldsymbol{x}, \boldsymbol{y}_n \rangle \to \langle \boldsymbol{x}, \boldsymbol{y} \rangle \quad (n \to \infty)$$

が成り立つが，今，すべての n に対し $\langle \boldsymbol{x}, \boldsymbol{y}_n \rangle = 0$ であるから，$\langle \boldsymbol{x}, \boldsymbol{y} \rangle = 0$ である．以上のことから，$\mathcal{S}^\perp$ は $\mathcal{H}$ の閉部分空間であることがわかった．

次の定理がカーネル法の基礎である．

定理 3.3.5（射影定理）． $\mathcal{M}$ を $\mathcal{H}$ の閉部分空間とする．このとき，任意の $\boldsymbol{x} \in \mathcal{H}$ に対し，$\boldsymbol{x} = \boldsymbol{x}_1 + \boldsymbol{x}_2$ をみたす $\boldsymbol{x}_1 \in \mathcal{M}$, $\boldsymbol{x}_2 \in \mathcal{M}^\perp$ の組 $(\boldsymbol{x}_1, \boldsymbol{x}_2)$ がただ一つ存在する．

証明 $\boldsymbol{x} \in \mathcal{H}$ に対し，$d = \inf_{\boldsymbol{y} \in \mathcal{M}} \|\boldsymbol{x} - \boldsymbol{y}\|$ とおくと，任意の $n \in \mathbb{N}$ に対し，

$$d^2 \le \|\boldsymbol{x} - \boldsymbol{y}_n\|^2 < d^2 + \frac{1}{n^2} \tag{3.3.1}$$

をみたす $\boldsymbol{y}_n \in \mathcal{M}$ が存在する．このとき，$\boldsymbol{x} - \boldsymbol{y}_n$ と $\boldsymbol{x} - \boldsymbol{y}_m$ に中線定理（例題 3.2.7）を用いると

$$\begin{aligned}
0 &\le \|\boldsymbol{y}_n - \boldsymbol{y}_m\|^2 \\
&= 2\|\boldsymbol{x} - \boldsymbol{y}_n\|^2 + 2\|\boldsymbol{x} - \boldsymbol{y}_m\|^2 - \|2\boldsymbol{x} - \boldsymbol{y}_n - \boldsymbol{y}_m\|^2 \\
&\le 2\left(d^2 + \frac{1}{n^2}\right) + 2\left(d^2 + \frac{1}{m^2}\right) - 4\left\|\boldsymbol{x} - \frac{\boldsymbol{y}_n + \boldsymbol{y}_m}{2}\right\|^2 \\
&\le \frac{2}{n^2} + \frac{2}{m^2} \to 0 \quad (n, m \to \infty)
\end{aligned}$$

が得られる．よって，$\mathcal{H}$ の完備性により，

$$\|\boldsymbol{y}_n - \boldsymbol{x}_1\| \to 0 \quad (n \to \infty)$$

をみたす $\boldsymbol{x}_1 \in \mathcal{H}$ が存在する．このとき，$\mathcal{M}$ が閉部分空間であるから $\boldsymbol{x}_1 \in \mathcal{M}$ であり，ノルムの連続性（例題 3.2.5）と (3.3.1) から

$$\|\boldsymbol{x} - \boldsymbol{x}_1\| = d$$

が成り立つ．以下，$\boldsymbol{x}_2 = \boldsymbol{x} - \boldsymbol{x}_1$ とおいて，$\boldsymbol{x}_2 \in \mathcal{M}^\perp$ を示そう．$\langle \boldsymbol{x}_2, \boldsymbol{y} \rangle \ne 0$ となる $\boldsymbol{y} \in \mathcal{M}$ の存在を仮定する．$\boldsymbol{y}$ を定数倍で調整して $\langle \boldsymbol{x}_2, \boldsymbol{y} \rangle = 1$ として

よい．このとき，$\|\boldsymbol{x}_2\| = \|\boldsymbol{x} - \boldsymbol{x}_1\| = d$ であることに注意すれば，任意の実数 t に対し，

$$
\begin{aligned}
d^2 &\leq \|\boldsymbol{x} - (\boldsymbol{x}_1 + t\boldsymbol{y})\|^2 \\
&= \|\boldsymbol{x}_2 - t\boldsymbol{y}\|^2 \\
&= d^2 - 2t + \|\boldsymbol{y}\|^2 t^2 \\
&= \left(\|\boldsymbol{y}\| t - \frac{1}{\|\boldsymbol{y}\|} \right)^2 - \frac{1}{\|\boldsymbol{y}\|^2} + d^2
\end{aligned}
$$

を得る．しかし，$t = 1/\|\boldsymbol{y}\|^2$ のとき，$d^2 \leq d^2 - 1/\|\boldsymbol{y}\|^2 < d^2$ となり，これは矛盾である．よって，すべての $\boldsymbol{y} \in \mathcal{M}$ に対し $\langle \boldsymbol{x}_2, \boldsymbol{y} \rangle = 0$, すなわち，$\boldsymbol{x}_2 \in \mathcal{M}^\perp$ を得る．従って，$\boldsymbol{x} = \boldsymbol{x}_1 + \boldsymbol{x}_2$ ($\boldsymbol{x}_1 \in \mathcal{M}$, $\boldsymbol{x}_2 \in \mathcal{M}^\perp$) と分解できることがわかった．

次に，分解が一意であることを示そう．$\boldsymbol{x}$ にもう一通りの分解 $\boldsymbol{x} = \boldsymbol{x}_1' + \boldsymbol{x}_2'$ ($\boldsymbol{x}_1' \in \mathcal{M}$, $\boldsymbol{x}_2' \in \mathcal{M}^\perp$) が存在したとする．このとき，$\boldsymbol{x}_1 + \boldsymbol{x}_2 = \boldsymbol{x}_1' + \boldsymbol{x}_2'$ であるから，$\boldsymbol{x}_1 - \boldsymbol{x}_1' = \boldsymbol{x}_2' - \boldsymbol{x}_2$ となる．ここで，$\boldsymbol{x}_1 - \boldsymbol{x}_1' \in \mathcal{M}$ かつ $\boldsymbol{x}_2' - \boldsymbol{x}_2 \in \mathcal{M}^\perp$ に注意すると，

$$
\|\boldsymbol{x}_1 - \boldsymbol{x}_1'\|^2 = \langle \boldsymbol{x}_1 - \boldsymbol{x}_1',\ \boldsymbol{x}_2' - \boldsymbol{x}_2 \rangle = 0
$$

であるから $\boldsymbol{x}_1 = \boldsymbol{x}_1'$，そして $\boldsymbol{x}_2 = \boldsymbol{x}_2'$ が導かれる．従って，分解 $\boldsymbol{x} = \boldsymbol{x}_1 + \boldsymbol{x}_2$ は一意である．　□

$\mathcal{M}^\perp$ は $\mathcal{M}$ の**直交補空間**とよばれ，射影定理を

$$
\mathcal{H} = \mathcal{M} \oplus \mathcal{M}^\perp
$$

と簡単に表すことが多い．また，$\boldsymbol{x}_1$ のことを $\boldsymbol{x}$ の $\mathcal{M}$ の上への**直交射影**とよび，$\boldsymbol{x}_1 = P_{\mathcal{M}}\boldsymbol{x}, \boldsymbol{x}_2 = P_{\mathcal{M}^\perp}\boldsymbol{x}$ と表す．$P_{\mathcal{M}}$ のことを $\mathcal{M}$ の上への直交射影とよぶこともある．$\boldsymbol{x} = P_{\mathcal{M}}\boldsymbol{x} + P_{\mathcal{M}^\perp}\boldsymbol{x}$ を $\boldsymbol{x}$ の $\mathcal{M}$ に関する**直交分解**とよぶことにしよう．

例題 3.3.6.　$P_{\mathcal{M}}$ は線形写像であることを示せ．また，

(i)　$\langle P_{\mathcal{M}}\boldsymbol{x}, \boldsymbol{y} \rangle = \langle \boldsymbol{x}, P_{\mathcal{M}}\boldsymbol{y} \rangle \quad (\boldsymbol{x}, \boldsymbol{y} \in \mathcal{H})$

(ii)　$P_{\mathcal{M}}(P_{\mathcal{M}}\boldsymbol{x}) = P_{\mathcal{M}}\boldsymbol{x} \quad (\boldsymbol{x} \in \mathcal{H})$

が成り立つことを示せ.

解答 $\boldsymbol{x}, \boldsymbol{y} \in \mathcal{H}$ を $\boldsymbol{x} = P_{\mathcal{M}}\boldsymbol{x} + P_{\mathcal{M}^\perp}\boldsymbol{x}$, $\boldsymbol{y} = P_{\mathcal{M}}\boldsymbol{y} + P_{\mathcal{M}^\perp}\boldsymbol{y}$ と直交分解する. このとき,

$$\boldsymbol{x} + \boldsymbol{y} = (P_{\mathcal{M}}\boldsymbol{x} + P_{\mathcal{M}}\boldsymbol{y}) + (P_{\mathcal{M}^\perp}\boldsymbol{x} + P_{\mathcal{M}^\perp}\boldsymbol{y})$$

は $\boldsymbol{x} + \boldsymbol{y}$ の $\mathcal{M}$ に関する直交分解を与える. 従って, 直交分解の一意性から, $P_{\mathcal{M}}(\boldsymbol{x} + \boldsymbol{y}) = P_{\mathcal{M}}\boldsymbol{x} + P_{\mathcal{M}}\boldsymbol{y}$ を得る. $\boldsymbol{x} \in \mathcal{H}$ と $\alpha \in \mathbb{R}$ に対し, $P_{\mathcal{M}}(\alpha\boldsymbol{x}) = \alpha P_{\mathcal{M}}\boldsymbol{x}$ が成り立つことも同様に示すことができる. よって, $P_{\mathcal{M}}$ は線形写像である. 次に, (i) を示そう. まず,

$$\begin{aligned}
\langle P_{\mathcal{M}}\boldsymbol{x}, \boldsymbol{y}\rangle &= \langle P_{\mathcal{M}}\boldsymbol{x}, P_{\mathcal{M}}\boldsymbol{y} + P_{\mathcal{M}^\perp}\boldsymbol{y}\rangle \\
&= \langle P_{\mathcal{M}}\boldsymbol{x}, P_{\mathcal{M}}\boldsymbol{y}\rangle + \langle P_{\mathcal{M}}\boldsymbol{x}, P_{\mathcal{M}^\perp}\boldsymbol{y}\rangle \\
&= \langle P_{\mathcal{M}}\boldsymbol{x}, P_{\mathcal{M}}\boldsymbol{y}\rangle
\end{aligned}$$

が成り立つ. 同様にして, $\langle \boldsymbol{x}, P_{\mathcal{M}}\boldsymbol{y}\rangle = \langle P_{\mathcal{M}}\boldsymbol{x}, P_{\mathcal{M}}\boldsymbol{y}\rangle$ が成り立つ. よって,

$$\langle P_{\mathcal{M}}\boldsymbol{x}, \boldsymbol{y}\rangle = \langle P_{\mathcal{M}}\boldsymbol{x}, P_{\mathcal{M}}\boldsymbol{y}\rangle = \langle \boldsymbol{x}, P_{\mathcal{M}}\boldsymbol{y}\rangle$$

が成り立つ. 従って, (i) を得る. 最後に, (ii) を示そう. $P_{\mathcal{M}}\boldsymbol{x}$ を $P_{\mathcal{M}}\boldsymbol{x} = P_{\mathcal{M}}(P_{\mathcal{M}}\boldsymbol{x}) + P_{\mathcal{M}^\perp}(P_{\mathcal{M}}\boldsymbol{x})$ と直交分解する. 一方, 自明な等式 $P_{\mathcal{M}}\boldsymbol{x} = P_{\mathcal{M}}\boldsymbol{x} + \boldsymbol{0}$ も $P_{\mathcal{M}}\boldsymbol{x}$ の $\mathcal{M}$ に関する直交分解を与える. よって, 直交分解の一意性から, $P_{\mathcal{M}^\perp}(P_{\mathcal{M}}\boldsymbol{x}) = \boldsymbol{0}$ が成り立つ. 従って, (ii) を得る. □

$\mathcal{C}$ を $\mathcal{H}$ の部分集合とする. 任意の $\boldsymbol{x}, \boldsymbol{y} \in \mathcal{C}$ に対し, $t\boldsymbol{x} + (1-t)\boldsymbol{y} \in \mathcal{C}$ $(0 \le t \le 1)$ が成り立つとき, $\mathcal{C}$ は**凸集合**とよばれる (**図 3.1**).

定理 3.3.7. $\mathcal{C}$ を閉な凸集合とし, $\mathcal{C}$ の外にある点 $\boldsymbol{x}_0$ に対し, $d(\boldsymbol{x}_0, \mathcal{C}) = \inf_{\boldsymbol{z} \in \mathcal{C}} \|\boldsymbol{x}_0 - \boldsymbol{z}\|$ と定める. このとき,

$$d(\boldsymbol{x}_0, \mathcal{C}) = \|\boldsymbol{x}_0 - \boldsymbol{y}\|$$

をみたす $\boldsymbol{y} \in \mathcal{C}$ が一意に存在する.

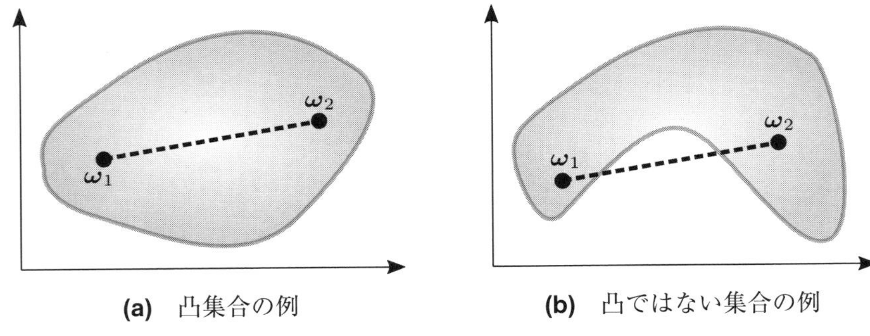

(a)　凸集合の例　　(b)　凸ではない集合の例

図 3.1：凸集合（2 次元の場合）

証明　射影定理（定理 3.3.5）の証明の前半がそのまま今の設定にも使え，$d(\boldsymbol{x}_0, \mathcal{C}) = \|\boldsymbol{x}_0 - \boldsymbol{y}\|$ をみたす $\boldsymbol{y} \in \mathcal{C}$ が存在することがわかる．このような $\boldsymbol{y} \in \mathcal{C}$ の一意性を示そう．$\boldsymbol{y}' \in \mathcal{C}$ も $d(\boldsymbol{x}_0, \mathcal{C}) = \|\boldsymbol{x}_0 - \boldsymbol{y}'\|$ をみたすと仮定する．このとき，中線定理（例題 3.2.7）と $\mathcal{C}$ が凸であることから，

$$\begin{aligned}
2d^2 &= \|\boldsymbol{x}_0 - \boldsymbol{y}\|^2 + \|\boldsymbol{x}_0 - \boldsymbol{y}'\|^2 \\
&= \frac{1}{2}\left(\|2\boldsymbol{x}_0 - \boldsymbol{y} - \boldsymbol{y}'\|^2 + \|\boldsymbol{y} - \boldsymbol{y}'\|^2\right) \\
&= 2\left\|\boldsymbol{x}_0 - \frac{\boldsymbol{y} + \boldsymbol{y}'}{2}\right\|^2 + \frac{1}{2}\|\boldsymbol{y} - \boldsymbol{y}'\|^2 \\
&\geq 2d^2 + \frac{1}{2}\|\boldsymbol{y} - \boldsymbol{y}'\|^2
\end{aligned}$$

を得る．よって，$\|\boldsymbol{y} - \boldsymbol{y}'\| = 0$ でなくてはならない．従って，$\boldsymbol{y} = \boldsymbol{y}'$ となる．　□

3.4　リースの表現定理

$\mathbb{R}^n$ では一次関数

$$\langle \boldsymbol{a}, \boldsymbol{x} \rangle_{\mathbb{R}^n} = a_1 x_1 + \cdots + a_n x_n \quad (\boldsymbol{a} = (a_1, \ldots, a_n)^\top,\ \boldsymbol{x} = (x_1, \ldots, x_n)^\top)$$

により直線や平面を表すことができた．では，ヒルベルト空間における一次関数とは何であろうか．この問いに答えてくれるのがリースの表現定理である．

$\mathcal{H}$ をヒルベルト空間とする．$\mathbf{0}$ ではないベクトル $\boldsymbol{x}_0 \in \mathcal{H}$ に対し，

$$\varphi_{\boldsymbol{x}_0}(\boldsymbol{x}) = \langle \boldsymbol{x}, \boldsymbol{x}_0 \rangle \quad (\boldsymbol{x} \in \mathcal{H})$$

と定める．このとき，

$$\varphi_{\boldsymbol{x}_0}(\alpha\boldsymbol{x} + \beta\boldsymbol{y}) = \alpha\varphi_{\boldsymbol{x}_0}(\boldsymbol{x}) + \beta\varphi_{\boldsymbol{x}_0}(\boldsymbol{y}) \quad (\boldsymbol{x}, \boldsymbol{y} \in \mathcal{H},\ \alpha, \beta \in \mathbb{R})$$

が成り立つ．すなわち，$\varphi_{\boldsymbol{x}_0} : \mathcal{H} \to \mathbb{R}$ は線形写像である．また，

$$\|\varphi_{\boldsymbol{x}_0}\| = \sup_{\|\boldsymbol{x}\| \leq 1} |\varphi_{\boldsymbol{x}_0}(\boldsymbol{x})|$$

と定める．$\|\varphi_{\boldsymbol{x}_0}\|$ は $\mathcal{H}$ の単位球が $\varphi_{\boldsymbol{x}_0}$ で写る範囲の限界を表している．まず，$\|\boldsymbol{x}\| \leq 1$ のとき，

$$|\varphi_{\boldsymbol{x}_0}(\boldsymbol{x})| = |\langle \boldsymbol{x}, \boldsymbol{x}_0 \rangle| \leq \|\boldsymbol{x}\|\|\boldsymbol{x}_0\| \leq \|\boldsymbol{x}_0\|$$

から $\|\varphi_{\boldsymbol{x}_0}\| \leq \|\boldsymbol{x}_0\|$ を得る．一方，$\boldsymbol{x} = \boldsymbol{x}_0/\|\boldsymbol{x}_0\|$ のときを考えると，

$$\|\varphi_{\boldsymbol{x}_0}\| \geq |\varphi_{\boldsymbol{x}_0}(\boldsymbol{x}_0/\|\boldsymbol{x}_0\|)| = |\langle \boldsymbol{x}_0/\|\boldsymbol{x}_0\|, \boldsymbol{x}_0 \rangle| = \|\boldsymbol{x}_0\|$$

を得る．よって，以上のことから，$\|\varphi_{\boldsymbol{x}_0}\| = \|\boldsymbol{x}_0\|$ が成り立つことがわかった．

さて，より一般に，ヒルベルト空間 $\mathcal{H}$ 上で定義された写像 $\varphi : \mathcal{H} \to \mathbb{R}$ が

$$\varphi(\alpha\boldsymbol{x} + \beta\boldsymbol{y}) = \alpha\varphi(\boldsymbol{x}) + \beta\varphi(\boldsymbol{y}) \quad (\boldsymbol{x}, \boldsymbol{y} \in \mathcal{H},\ \alpha, \beta \in \mathbb{R})$$

をみたすとき，φ は $\mathcal{H}$ 上の**線形汎関数**とよばれる．$\varphi_{\boldsymbol{x}_0}$ の場合と同様に，

$$\|\varphi\| = \sup_{\|\boldsymbol{x}\| \leq 1} |\varphi(\boldsymbol{x})|$$

と定める．この量が有限なとき，φ は**有界**とよばれる．

命題 3.4.1. φ を $\mathcal{H}$ 上の線形汎関数とする．このとき，次の二条件は同値である．

(i) φ は有界である．

(ii)　φ は連続である．すなわち，$\boldsymbol{x}_n \to \boldsymbol{x}$ $(n \to \infty)$ のとき，$\varphi(\boldsymbol{x}_n) \to \varphi(\boldsymbol{x})$ $(n \to \infty)$ が成り立つ．

証明　まず (i) を仮定しよう．φ が有界であれば，

$$|\varphi(\boldsymbol{x}/\|\boldsymbol{x}\|)| \leq \|\varphi\| \quad (\boldsymbol{x} \in \mathcal{H},\ \boldsymbol{x} \neq \boldsymbol{0})$$

から

$$|\varphi(\boldsymbol{x})| \leq \|\varphi\|\|\boldsymbol{x}\| \quad (\boldsymbol{x} \in \mathcal{H})$$

が成り立つ．よって，$\boldsymbol{x}_n \to \boldsymbol{x}$ $(n \to \infty)$ のとき

$$0 \leq |\varphi(\boldsymbol{x}_n) - \varphi(\boldsymbol{x})| = |\varphi(\boldsymbol{x}_n - \boldsymbol{x})| \leq \|\varphi\|\|\boldsymbol{x}_n - \boldsymbol{x}\| \to 0 \quad (n \to \infty)$$

が成り立つ．よって，φ は連続であることがわかった．

(ii) から (i) を導くために背理法を用いる．もし，φ が有界でなければ，任意の $n \in \mathbb{N}$ に対し，

$$\|\boldsymbol{x}_n\| \leq 1 \quad かつ \quad |\varphi(\boldsymbol{x}_n)| > n$$

をみたす $\boldsymbol{x}_n \in \mathcal{H}$ が存在する．このとき，

$$\|\boldsymbol{x}_n/n\| \to 0\ (n \to \infty) \quad かつ \quad |\varphi(\boldsymbol{x}_n/n)| > 1$$

となるが，これは φ の連続性に反する．よって，φ は有界である．　□

さて次は，その単純な見た目からは想像できないかもしれないが，ヒルベルト空間論における最重要定理である．

定理 3.4.2（リースの表現定理）．　φ を $\mathcal{H}$ 上の有界な線形汎関数とする．このとき，

$$\varphi(\boldsymbol{x}) = \langle \boldsymbol{x}, \boldsymbol{x}_0 \rangle \quad (\boldsymbol{x} \in \mathcal{H})$$

をみたす $\boldsymbol{x}_0 \in \mathcal{H}$ が一意に存在する．

つまり，ヒルベルト空間上の連続な線形汎関数はこの節の最初にあげたもので尽くされるというわけである．

証明 $\mathcal{M} = \ker\varphi = \{\boldsymbol{x} \in \mathcal{H} : \varphi(\boldsymbol{x}) = 0\}$ と定める．まず，$\dim \mathcal{M}^{\perp} = 1$ を示そう [*3]．$\boldsymbol{0}$ ではない $\boldsymbol{z} \in \mathcal{M}^{\perp}$ に対し，$\boldsymbol{z}$ と直交する $\boldsymbol{y} \in \mathcal{M}^{\perp}$ を考えよう．$\varphi(\boldsymbol{z}) \neq 0$ であるから，定数 λ を選んで，$\lambda\varphi(\boldsymbol{z}) = \varphi(\boldsymbol{y})$ とできる．このとき，$\varphi(\lambda\boldsymbol{z} - \boldsymbol{y}) = \lambda\varphi(\boldsymbol{z}) - \varphi(\boldsymbol{y}) = 0$ であるから，$\lambda\boldsymbol{z} - \boldsymbol{y} \in \mathcal{M}$ となる．よって，

$$\|\boldsymbol{y}\|^2 = \langle \boldsymbol{y}, \boldsymbol{y} \rangle + \langle \lambda\boldsymbol{z} - \boldsymbol{y}, \boldsymbol{y} \rangle = \langle \boldsymbol{y} + (\lambda\boldsymbol{z} - \boldsymbol{y}), \boldsymbol{y} \rangle = \langle \lambda\boldsymbol{z}, \boldsymbol{y} \rangle = 0$$

から，$\boldsymbol{y} = \boldsymbol{0}$ を得る．以上のことから，$\dim \mathcal{M}^{\perp} = 1$ が得られた．次に，

$$\mathcal{M}^{\perp} = \{\lambda\boldsymbol{z} : \lambda \in \mathbb{R}\} \quad (\text{ただし } \|\boldsymbol{z}\| = 1 \text{ と選ぶ})$$

とおけば，射影定理（定理 3.3.5）により，任意の $\boldsymbol{x} \in \mathcal{H}$ に対し，$\boldsymbol{x} = \boldsymbol{y} + \lambda\boldsymbol{z}$ となる $\boldsymbol{y} \in \mathcal{M}, \lambda \in \mathbb{R}$ が存在する．このとき，

$$\begin{aligned}
\varphi(\boldsymbol{x}) &= \varphi(\boldsymbol{y} + \lambda\boldsymbol{z}) \\
&= \varphi(\boldsymbol{y}) + \lambda\varphi(\boldsymbol{z}) \\
&= \lambda\varphi(\boldsymbol{z}) \\
&= \langle \boldsymbol{y} + \lambda\boldsymbol{z}, \varphi(\boldsymbol{z})\boldsymbol{z} \rangle \\
&= \langle \boldsymbol{x}, \varphi(\boldsymbol{z})\boldsymbol{z} \rangle
\end{aligned}$$

が成り立つ．従って，$\boldsymbol{x}_0 = \varphi(\boldsymbol{z})\boldsymbol{z}$ と定めればよい．次に一意性を示そう．$\langle \boldsymbol{x}, \boldsymbol{x}_0 \rangle = \langle \boldsymbol{x}, \boldsymbol{y}_0 \rangle$ $(\boldsymbol{x} \in \mathcal{H})$ をみたす $\boldsymbol{y}_0 \in \mathcal{H}$ が存在したとする．特に，$\boldsymbol{x} = \boldsymbol{x}_0 - \boldsymbol{y}_0$ の場合を考えれば，

$$\begin{aligned}
\|\boldsymbol{x}_0 - \boldsymbol{y}_0\|^2 &= \langle \boldsymbol{x}_0 - \boldsymbol{y}_0, \boldsymbol{x}_0 - \boldsymbol{y}_0 \rangle \\
&= \langle \boldsymbol{x}_0 - \boldsymbol{y}_0, \boldsymbol{x}_0 \rangle - \langle \boldsymbol{x}_0 - \boldsymbol{y}_0, \boldsymbol{y}_0 \rangle = 0
\end{aligned}$$

となる．よって，$\boldsymbol{x}_0 = \boldsymbol{y}_0$ である． □

ここにきて，再生核ヒルベルト空間の定義を述べることができる．

定義 3.4.3. X を集合とし，以下の二条件をみたすヒルベルト空間 $\mathcal{H}$ を考える．

---

*3 射影定理（定理 3.3.5）と準同型定理により，$\mathcal{M}^{\perp} \simeq \mathcal{H}/\mathcal{M} = \mathcal{H}/\ker\varphi \simeq \operatorname{Im}\varphi = \mathbb{R}$ と示すこともできる．

(i)　$\mathcal{H}$ は X 上の関数からなるヒルベルト空間である．

(ii)　任意の $x \in X$ と $f_n, f \in \mathcal{H}$ に対し，

$$\|f_n - f\| \to 0 \ (n \to \infty) \Rightarrow f_n(x) \to f(x) \ (n \to \infty)$$

が成り立つ．すなわち，x を代入する操作が連続である．

このようなヒルベルト空間は**再生核ヒルベルト空間**とよばれる．ここで，$x \in X$ に対し，$\varphi_x(f) = f(x) \ (f \in \mathcal{H})$ と定めると φ_x は線形汎関数である．すなわち，代入は線形である．このことに注意すれば，リースの表現定理により，(ii) は次の (ii′) と同値である．

(ii′)　任意の $x \in X$ と任意の $f \in \mathcal{H}$ に対し，

$$f(x) = \langle f, k_x \rangle \quad \text{（再生核等式）}$$

をみたす $k_x \in \mathcal{H}$ が存在する．すなわち，代入が内積で表される．この k_x は**再生核**とよばれる．

これから再生核ヒルベルト空間を $\mathcal{H}_k$ と表すことにしよう．これでカーネル法への準備が整った．

第4章 カーネル法（入門編）

この章では，本書の冒頭で紹介した回帰問題と分類問題を例にカーネル法の数学的基礎を解説しよう．

まずは回帰問題と分類問題について簡単におさらいしよう．変数 $\boldsymbol{x} \in \mathbb{R}^d$ および $\lambda \in \mathbb{R}$ の計測データ $\boldsymbol{x}_1, \ldots, \boldsymbol{x}_n \in \mathbb{R}^d$ と $\lambda_1, \ldots, \lambda_n \in \mathbb{R}$ が与えられたとする．これ以降，データの集合を

$$D = \{\boldsymbol{x}_1, \ldots, \boldsymbol{x}_n\} \subset \mathbb{R}^d$$

と表し，拡張されたデータの集合を

$$\widetilde{D} = \{(\boldsymbol{x}_1, \lambda_1), (\boldsymbol{x}_2, \lambda_2), \ldots, (\boldsymbol{x}_n, \lambda_n)\}$$

と表すことにする．

回帰問題とは，データ $\widetilde{D}$ を元に $\boldsymbol{x}$ と λ の間に

$$\lambda = f(\boldsymbol{x})$$

という関係を当てはめる問題であった．すなわち，**図 4.1** (a) に破線で示すような関数を見つけるのである．このとき，本書の冒頭では以下の二点を指摘した．

- 関数 f を一次関数に限定すればこの問題は容易に解けるものの，図 4.1 の例のようにデータの分布によっては一次関数への制限は適切ではない．
- 他方，図 4.1 (b) に破線で示すような複雑すぎる関数の利用は，データに対する過学習を引き起こすため望ましくない．

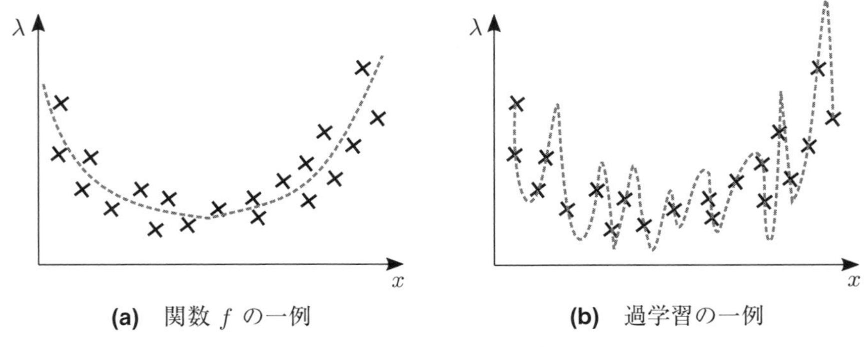

(a)　関数 f の一例　　**(b)**　過学習の一例

図 4.1：回帰問題の例（'×' 印はデータ $\widetilde{D}$ をプロットした点）

次に，各データ $\boldsymbol{x}_j \in D$ に対して符号 $\lambda_j \in \{-1, +1\}$ がラベル付けされている状況を考える．分類問題とは，D の分割

$$D_+ = \{\boldsymbol{x}_j \in D : \lambda_j = +1\}, \quad D_- = \{\boldsymbol{x}_j \in D : \lambda_j = -1\}$$

に対し，

$$D_+ \subset \{\boldsymbol{x} \in \mathbb{R}^d : f(\boldsymbol{x}) > 0\}, \quad D_- \subset \{\boldsymbol{x} \in \mathbb{R}^d : f(\boldsymbol{x}) < 0\}$$

をみたす簡単な関数 f を見つける問題であった．分類問題に対して，本書の冒頭では以下の点を指摘した．

- データ D_+ および D_- が**図 4.2** (a) のように分布するのであれば，f を一次関数としてよいが，図 4.2 (b) のように分布する場合は一次関数による分離は不可能である．
- 複雑な関数 f の利用は過学習を起こすリスクがあり，望ましくない．

要するに，回帰問題と分類問題は一次関数では単純すぎるが，複雑すぎる関数の利用は避けたいという問題を共有する．これに対して，問題そのものを「代入が内積で表される空間（再生核ヒルベルト空間）」に変換し，その変換した先での一次関数を考える手法が**カーネル法**である．カーネル法では，半正定値行列を一般化した**カーネル関数**とよばれる 2 変数関数 k を与え，データ $\boldsymbol{x}_j$

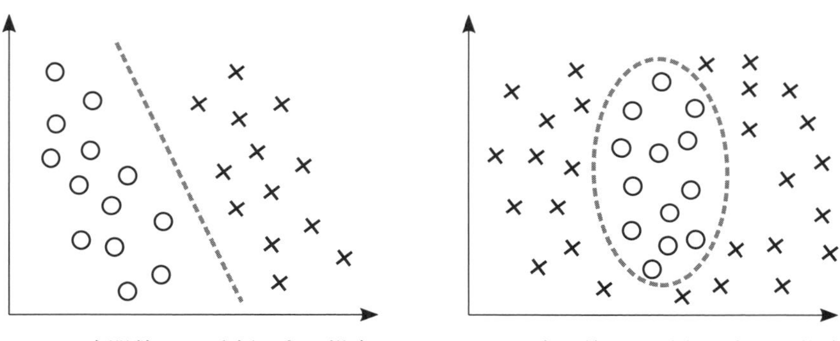

図 4.2：分類問題の例（'×' 印および '○' 印は，データ D_+，D_- をプロットした点）

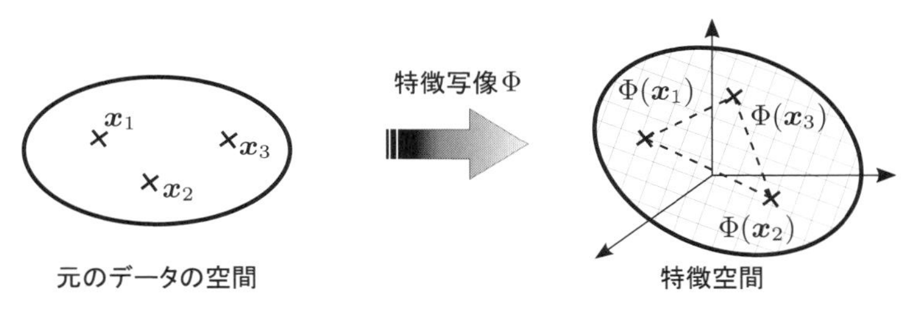

図 4.3：カーネルトリックのイメージ図

を $k_{\boldsymbol{x}_j} = k(\cdot, \boldsymbol{x}_j)$ に変換することを考える．これを**カーネルトリック**とよぶ（**図 4.3**）．特に，写像

$$\Phi : \boldsymbol{x}_j \mapsto k_{\boldsymbol{x}_j}$$

は**特徴写像**とよばれる．これはデータ D を $\mathbb{R}^d$ とは曲がり具合の異なる高次元空間に埋め込むことに相当する．この空間のことを**特徴空間**とよぶこともある．このように，カーネル法とはデータの変換方法の一つである．

4.1 カーネル関数

まずは，カーネル法の中核をなすカーネル関数について紹介しよう．

定義 4.1.1. X を集合とし，k を X 上の 2 変数関数とする．k が次の二条件をみたすとき，k は X 上の**カーネル関数**とよばれる．

(i) 任意の $x, y \in X$ に対して

$$k(x,y) = k(y,x) \quad \text{（対称性）}$$

が成り立つ．

(ii) 任意の $n \in \mathbb{N}$, $\{x_j\}_{j=1}^n \subset X$, $\{c_j\}_{j=1}^n \subset \mathbb{R}$ に対して

$$\sum_{i,j=1}^{n} c_i c_j k(x_i, x_j) \geq 0 \quad \text{（半正定値性）}$$

が成り立つ．

1.5 節で導入した記号を用いれば，上の条件 (ii) は任意の $n \in \mathbb{N}$ と任意の $x_1, \ldots, x_n \in X$ に対し，

$$\begin{pmatrix} k(x_1,x_1) & \cdots & k(x_1,x_n) \\ \vdots & \ddots & \vdots \\ k(x_n,x_1) & \cdots & k(x_n,x_n) \end{pmatrix} \geq 0$$

と表すことができる [*1]．半正定値行列はカーネル関数の最も基本的な例である．実際，$A = (a_{ij})$ を n 次正方行列とし，$k(i,j) = a_{ij}$ とおくことにより，$A = (k(i,j))$ を $\{1, \ldots, n\}$ 上の 2 変数関数と見なすことができる．このとき，カーネル関数の条件 (i) は A が対称行列であることを意味し，(ii) は A が半正定値行列であることを意味する．参考までに，1.6 節では正定値行列 A から代入が内積で表される空間 $(\mathbb{R}^n, \langle\cdot,\cdot\rangle_A)$ を構成した．この例では A の逆行列 A^{-1} をカーネル関数と見なす．

例 4.1.2. f を X 上の関数とする．このとき，

$$k(x,y) = f(x)f(y) \quad (x, y \in X)$$

はカーネル関数である．実際，対称性は明らかであろう．また，

[*1] 標語的に述べるならば，カーネル関数とは局所的に半正定値な無限次行列である．

$$\sum_{i,j=1}^{n} c_i c_j k(x_i, x_j) = \sum_{i,j=1}^{n} c_i c_j f(x_i) f(x_j)$$
$$= \left(\sum_{j=1}^{n} c_j f(x_j) \right)^2 \geq 0$$

から k の半正定値性が導かれる.

例 4.1.3. k_1, k_2 を X 上のカーネル関数とする. このとき,

$$(k_1 + k_2)(x, y) = k_1(x, y) + k_2(x, y) \quad (x, y \in X)$$

はカーネル関数である. 実際, 対称性は明らかであろう. また,

$$\sum_{i,j=1}^{n} c_i c_j (k_1 + k_2)(x_i, x_j) = \sum_{i,j=1}^{n} c_i c_j (k_1(x_i, x_j) + k_2(x_i, x_j))$$
$$= \sum_{i,j=1}^{n} c_i c_j k_1(x_i, x_j) + \sum_{i,j=1}^{n} c_i c_j k_2(x_i, x_j)$$
$$\geq 0$$

から $k_1 + k_2$ の半正定値性が導かれる.

例 4.1.4. X を集合とし, $\Phi : X \to \mathbb{R}^n$ を X から $\mathbb{R}^n$ への任意の写像とする. $\mathbb{R}^n$ で任意の内積を考えるとき,

$$k(x, y) = \langle \Phi(x), \Phi(y) \rangle \quad (x, y \in X)$$

はカーネル関数である. 実際,

$$k(x, y) = \langle \Phi(x), \Phi(y) \rangle = \langle \Phi(y), \Phi(x) \rangle = k(y, x)$$

から k の対称性を得る. 次に,

$$\sum_{i,j=1}^{n} c_i c_j k(x_i, x_j) = \sum_{i,j=1}^{n} c_i c_j \langle \Phi(x_i), \Phi(x_j) \rangle$$
$$= \left\langle \sum_{i=1}^{n} c_i \Phi(x_i), \sum_{j=1}^{n} c_j \Phi(x_j) \right\rangle$$

$$= \left\| \sum_{j=1}^{n} c_j \Phi(x_j) \right\|^2 \geq 0$$

から k の半正定値性を得る．よって，$k(x,y) = \langle \Phi(x), \Phi(y) \rangle$ はカーネル関数である．

例 4.1.5.　$\mathcal{H}_k$ を X 上の再生核ヒルベルト空間とする．このとき，

$$k(x,y) = k_y(x) \quad (x, y \in X)$$

はカーネル関数である．実際，k の対称性は，再生核等式と内積の性質により，

$$k(x,y) = k_y(x) = \langle k_y, k_x \rangle_{\mathcal{H}_k} = \langle k_x, k_y \rangle_{\mathcal{H}_k} = k_x(y) = k(y,x)$$

と示される．次に，

$$\begin{aligned} \sum_{i,j=1}^{n} c_i c_j k(x_i, x_j) &= \sum_{i,j=1}^{n} c_i c_j k_{x_j}(x_i) \\ &= \sum_{i,j=1}^{n} c_i c_j \langle k_{x_j}, k_{x_i} \rangle_{\mathcal{H}_k} \\ &= \left\langle \sum_{j=1}^{n} c_j k_{x_j}, \sum_{i=1}^{n} c_i k_{x_i} \right\rangle_{\mathcal{H}_k} \\ &= \left\| \sum_{j=1}^{n} c_j k_{x_j} \right\|_{\mathcal{H}_k}^2 \geq 0 \end{aligned}$$

から k の半正定値性を得る．よって，$k(x,y) = k_y(x)$ はカーネル関数である．

カーネル関数と内積

ここでは，カーネル関数から内積を構成しよう．まず，カーネル関数 k に対し，$k_x(y) = k(y,x)$ とおき，k_x を1変数関数として扱う．$\{k_x\}_{x \in X}$ で生成されるベクトル空間を

$$\mathcal{V} = \left\{ \sum_j a_j k_{x_j} \text{（有限和）} : x_j \in X,\ a_j \in \mathbb{R} \right\}$$

とおこう．次に，$f = \sum_i a_i k_{x_i}$，$g = \sum_j b_j k_{y_j} \in \mathcal{V}$ に対し，

$$\langle f, g\rangle_{\mathcal{V}} = \left\langle \sum_i a_i k_{x_i}, \sum_j b_j k_{y_j} \right\rangle_{\mathcal{V}} = \sum_{i,j} a_i b_j k(y_j, x_i)$$

と定める．まず，k はカーネル関数であるから，カーネル関数の半正定値性により，$\langle f, f\rangle_{\mathcal{V}} \geq 0$ が成り立つことに注意しよう．次に，$\{k_x\}_{x \in X}$ は線形独立とは限らないので，$f, g \in \mathcal{V}$ の k_x による表し方は複数存在するかもしれない．しかし，ここで定めた $\langle f, g\rangle_{\mathcal{V}}$ の値は f, g の表し方に依らず一つに定まる．このことを $\langle\cdot,\cdot\rangle_{\mathcal{V}}$ は **well-defined** であるという．以下，$\langle\cdot,\cdot\rangle_{\mathcal{V}}$ が well-defined であることを示そう．

まず，$\mathcal{V}$ 内の有限和に対する二つの関係式

$$\sum_i a_i k_{x_i} = \sum_m a'_m k_{x'_m}, \quad \sum_j b_j k_{y_j} = \sum_n b'_n k_{y'_n}$$

を考えよう．これは関数としての等式であるから，任意の $x \in X$ に対し，

$$\sum_i a_i k_{x_i}(x) = \sum_m a'_m k_{x'_m}(x), \quad \sum_j b_j k_{y_j}(x) = \sum_n b'_n k_{y'_n}(x)$$

を意味することに注意する．このとき，k の対称性と $k(x, y) = k_y(x)$ により，

$$\begin{aligned}
\sum_{i,j} a_i b_j k(y_j, x_i) &= \sum_i a_i \sum_j b_j k(x_i, y_j) \\
&= \sum_i a_i \sum_n b'_n k(x_i, y'_n) \\
&= \sum_n b'_n \sum_i a_i k(y'_n, x_i) \\
&= \sum_n b'_n \sum_m a'_m k(y'_n, x'_m) \\
&= \sum_{m,n} a'_m b'_n k(y'_n, x'_m)
\end{aligned}$$

が成り立つ．よって，$\langle\cdot,\cdot\rangle_{\mathcal{V}}$ は表現の仕方に依らず一意に定まることがわかった．

また，任意の $f, g, h \in \mathcal{V}$ と任意の $\alpha \in \mathbb{R}$ に対し，

(1) $\langle f, g+h\rangle_{\mathcal{V}} = \langle f, g\rangle_{\mathcal{V}} + \langle f, h\rangle_{\mathcal{V}}, \quad \langle f+g, h\rangle_{\mathcal{V}} = \langle f, h\rangle_{\mathcal{V}} + \langle g, h\rangle_{\mathcal{V}}$

(2)　$\langle \alpha f, g\rangle_{\mathcal{V}} = \alpha\langle f, g\rangle_{\mathcal{V}} = \langle f, \alpha g\rangle_{\mathcal{V}}$

(3)　$\langle f, g\rangle_{\mathcal{V}} = \langle g, f\rangle_{\mathcal{V}}$

が成り立つ．(2) と (3) は $\langle f, g\rangle_{\mathcal{V}}$ の定め方からほとんど明らかであるが，(1) は少々工夫する必要がある．例えば，$f = \sum_{i=1}^{n} a_i k_{x_i}$，$g = \sum_{j=1}^{m} b_j k_{y_j}$ と γk_z ($\gamma \in \mathbb{R}$, $z \in X$) に対し，$b_{m+1} = \gamma$，$y_{m+1} = z$ とおくと，

$$\begin{aligned}\langle f, g + \gamma k_z\rangle_{\mathcal{V}} &= \sum_{i=1}^{n}\sum_{j=1}^{m+1} a_i b_j k(y_j, x_i) \\ &= \sum_{i=1}^{n}\sum_{j=1}^{m} a_i b_j k(y_j, x_i) + \sum_{i=1}^{n} a_i b_{m+1} k(y_{m+1}, x_i) \\ &= \sum_{i=1}^{n}\sum_{j=1}^{m} a_i b_j k(y_j, x_i) + \sum_{i=1}^{n} a_i \gamma k(z, x_i) \\ &= \langle f, g\rangle_{\mathcal{V}} + \langle f, \gamma k_z\rangle_{\mathcal{V}}\end{aligned}$$

が成り立つ．ここで示した等式を繰り返し用いれば，(1) が得られる．

次の例題は重要である．

例題 4.1.6.　任意の $f \in \mathcal{V}$ に対し，

$$f(x) = \langle f, k_x\rangle_{\mathcal{V}} \quad (x \in X)$$

が成り立つことを示せ．

解答　$f = \sum_j a_j k_{x_j}$ とおく．このとき，

$$\begin{aligned}\langle f, k_x\rangle_{\mathcal{V}} = \left\langle \sum_j a_j k_{x_j}, k_x \right\rangle_{\mathcal{V}} &= \sum_j a_j k(x, x_j) \\ &= \sum_j a_j k_{x_j}(x) = f(x)\end{aligned}$$

が成り立つ．□

補題 4.1.7.　任意の $f, g \in \mathcal{V}$ に対し，

$$|\langle f, g\rangle_{\mathcal{V}}|^2 \leq \langle f, f\rangle_{\mathcal{V}}\langle g, g\rangle_{\mathcal{V}}$$

が成り立つ．

証明 $\|t\boldsymbol{x}+\boldsymbol{y}\|^2$ の代わりに $\langle tf+g, tf+g\rangle_{\mathcal{V}}$ を考えるだけで，定理 1.1.2 と同様であるが，$\langle f, f\rangle_{\mathcal{V}}=0$ かもしれないので，注意が必要である．$\langle f, f\rangle_{\mathcal{V}}=0$ のときは

$$0 \leq \langle tf+g, tf+g\rangle_{\mathcal{V}} = 2t\langle f, g\rangle_{\mathcal{V}} + \langle g, g\rangle_{\mathcal{V}}$$

が成り立つ．実数 t は任意であったから，$\langle f, g\rangle_{\mathcal{V}}=0$ となるしかない． □

$\langle f, f\rangle_{\mathcal{V}}=0$ のとき，例題 4.1.6 と補題 4.1.7 により，

$$|f(x)|^2 = |\langle f, k_x\rangle_{\mathcal{V}}|^2 \leq \langle f, f\rangle_{\mathcal{V}}\langle k_x, k_x\rangle_{\mathcal{V}} \quad (x \in X)$$

が成り立ち，ここから $f=0$ が導かれる．よって，$\langle\cdot,\cdot\rangle_{\mathcal{V}}$ は $\mathcal{V}$ 上の内積である．

ここで，$\mathcal{V}$ の内積 $\langle\cdot,\cdot\rangle_{\mathcal{V}}$ に基づいた完備化を考えれば，カーネル関数 k から構成される**再生核ヒルベルト空間** $\mathcal{H}_k$ が得られる．すなわち，次の四条件 (i), (ii), (iii), (iv) をみたすベクトル空間 $\mathcal{H}_k$ が得られる．

(i) $\mathcal{H}_k$ は X 上の関数からなるベクトル空間である．特に，任意の $x \in X$ に対し，$k_x \in \mathcal{H}_k$ である．

(ii) $\mathcal{H}_k$ は内積を備えている．すなわち，関数 $f, g \in \mathcal{H}_k$ に対し，実数 $\langle f, g\rangle_{\mathcal{H}_k}$ が定まり，任意の $f, g, h \in \mathcal{H}_k$ と任意の $\alpha \in \mathbb{R}$ に対し，次の (1) から (5) が成り立つ．

(1) $\langle f, g+h\rangle_{\mathcal{H}_k} = \langle f, g\rangle_{\mathcal{H}_k} + \langle f, h\rangle_{\mathcal{H}_k}$,
$\langle f+g, h\rangle_{\mathcal{H}_k} = \langle f, h\rangle_{\mathcal{H}_k} + \langle g, h\rangle_{\mathcal{H}_k}$

(2) $\langle \alpha f, g\rangle_{\mathcal{H}_k} = \alpha\langle f, g\rangle_{\mathcal{H}_k} = \langle f, \alpha g\rangle_{\mathcal{H}_k}$

(3) $\langle f, g\rangle_{\mathcal{H}_k} = \langle g, f\rangle_{\mathcal{H}_k}$

(4) $\langle f, f\rangle_{\mathcal{H}_k} \geq 0$

(5) $\langle f, f\rangle_{\mathcal{H}_k} = 0 \Leftrightarrow f = 0$

(iii) 任意の $x \in X$ と任意の $f \in \mathcal{H}_k$ に対し，

$$f(x) = \langle f, k_x\rangle_{\mathcal{H}_k} \quad (\textbf{再生核等式})$$

が成り立つ．すなわち，関数 $f \in \mathcal{H}_k$ に点 $x \in X$ を代入する操作が $k_x = k(\cdot, x)$ との内積で表される．この k_x は**再生核**とよばれる．

(iv)　任意の $f \in \mathcal{H}_k$ に対し，f の**ノルム** $\|f\|_{\mathcal{H}_k}$ を $\|f\|_{\mathcal{H}_k} = \sqrt{\langle f, f\rangle_{\mathcal{H}_k}}$ と定める．$\mathcal{H}_k$ はこのノルム $\|\cdot\|_{\mathcal{H}_k}$ に関し完備である．

$\mathcal{V}$ と $\mathcal{H}_k$ の関係について，特に，ベクトル空間として $\mathcal{V} \subset \mathcal{H}_k$ であり，$f, g \in \mathcal{V}$ のとき，$\langle f, g\rangle_{\mathcal{H}_k} = \langle f, g\rangle_{\mathcal{V}}$ であることに注意しておこう [*2]．このようにして，$\mathcal{H}_k$ が得られる．以上のことは**ムーア・アロンシャインの定理**として知られている．

定理 4.1.8（ムーア・アロンシャインの定理）．　カーネル関数 k から再生核ヒルベルト空間 $\mathcal{H}_k$ が構成できる．しかも，それは一意に定まる．

構成法については，完備化を除いて，上で述べた通りである．ここでの一意性とは，$\mathcal{H}_\ell$ を X 上の再生核ヒルベルト空間とし，$\mathcal{H}_\ell$ の再生核 ℓ_x に対し，$\langle \ell_x, \ell_y\rangle_{\mathcal{H}_\ell} = k(y, x)$ が成り立つとしたら，$\mathcal{H}_\ell = \mathcal{H}_k$ であることを意味する．

再生核ヒルベルト空間 $\mathcal{H}_k$ の基本的な性質について述べておこう．まず，定理 1.1.2 と例題 1.1.3 の議論がそのまま適用できて，再生核ヒルベルト空間 $\mathcal{H}_k$ でも，任意の $f, g \in \mathcal{H}_k$ に対し，

$$|\langle f, g\rangle_{\mathcal{H}_k}| \leq \|f\|_{\mathcal{H}_k}\|g\|_{\mathcal{H}_k} \qquad \text{（コーシー・シュワルツの不等式）}$$

$$\|f + g\|_{\mathcal{H}_k} \leq \|f\|_{\mathcal{H}_k} + \|g\|_{\mathcal{H}_k} \qquad \text{（三角不等式）}$$

が成り立つことがわかる．次に，$\langle f, g\rangle_{\mathcal{H}_k} = 0$ のとき，f と g は直交するということはこれまでと同様であり，再生核ヒルベルト空間 $\mathcal{H}_k$ でも射影定理（定理 3.3.5）が使える．また，再生核 k_x も X 上の関数であるから，k_x の y での値 $k_x(y)$ を再生核等式により $k_x(y) = \langle k_x, k_y\rangle_{\mathcal{H}_k}$ と表すことができる．$k_x(y) = k(y, x)$ と表すこともある．これらの記法では x と y の順番に対し混乱するかもしれない．しかし，カーネル関数 k の対称性から

$$k_y(x) = k(x, y) = k(y, x) = k_x(y)$$

[*2] $\mathcal{V}$ を完備化して得られる元 f に対し，f と k_x の内積の値を f の x での値と定めれば，f は X 上の関数と見なせる．

が成り立つので x と y の順番を気にする必要はない [*3].

再生核等式とコーシー・シュワルツの不等式の使い方を次の例題で確認しよう.

例題 4.1.9. k を $\mathbb{R}$ 上のカーネル関数とし, $\mathcal{H}_k$ を k から構成される再生核ヒルベルト空間とする. $k(x,y)$ が x と y を変数とする連続関数であるとき, 任意の $f \in \mathcal{H}_k$ に対し, f も連続関数であることを示せ.

解答 まず, $a \in \mathbb{R}$ に対し, 再生核等式と k が連続であることから,

$$\begin{aligned}\|k_x - k_a\|_{\mathcal{H}_k}^2 &= \langle k_x - k_a, k_x - k_a\rangle_{\mathcal{H}_k} \\ &= \langle k_x, k_x\rangle_{\mathcal{H}_k} - 2\langle k_x, k_a\rangle_{\mathcal{H}_k} + \langle k_a, k_a\rangle_{\mathcal{H}_k} \\ &= k(x,x) - 2k(a,x) + k(a,a) \\ &\to 0 \quad (x \to a)\end{aligned}$$

が成り立つ. よって, 任意の $f \in \mathcal{H}_k$ に対し, 再生核等式とコーシー・シュワルツの不等式により,

$$\begin{aligned}|f(x) - f(a)| &= |\langle f, k_x\rangle_{\mathcal{H}_k} - \langle f, k_a\rangle_{\mathcal{H}_k}| \\ &= |\langle f, k_x - k_a\rangle_{\mathcal{H}_k}| \\ &\leq \|f\|_{\mathcal{H}_k}\|k_x - k_a\|_{\mathcal{H}_k} \\ &\to 0 \quad (x \to a)\end{aligned}$$

が成り立ち, f が連続であることがわかった. □

さて, 正方行列 A に逆行列 A^{-1} が存在するとき, A は**可逆**であるという. A が可逆であることは A が固有値 0 をもたないことと同値であったことに注意しよう. また, 例 4.1.5 にて, 任意の $c_1, \ldots, c_n \in \mathbb{R}$ と任意の $x_1, \ldots, x_n \in X$ に対して成り立つ等式

$$\left\|\sum_{j=1}^{n} c_j k_{x_j}\right\|_{\mathcal{H}_k}^2 = \sum_{i,j=1}^{n} c_i c_j k(x_i, x_j) \tag{4.1.1}$$

を示した. (4.1.1) から次のことがわかる.

[*3] 複素数値内積を考えるときは $k(y,x) = \overline{k(x,y)}$ とし, $k(x,y)$ と $k(y,x)$ を区別する.

命題 4.1.10. k を X 上のカーネル関数とする．$x_1, \ldots, x_n \in X$ に対し，

$$K = \begin{pmatrix} k(x_1, x_1) & \cdots & k(x_1, x_n) \\ \vdots & \ddots & \vdots \\ k(x_n, x_1) & \cdots & k(x_n, x_n) \end{pmatrix}$$

と定める．このとき，次の (i) と (ii) は同値である．

(i) $\{k_{x_1}, \ldots, k_{x_n}\}$ は線形独立である．

(ii) K は可逆である．

証明 以下では，$\mathcal{H}_k$ は k から構成される再生核ヒルベルト空間とし，$\boldsymbol{c} = (c_1, \ldots, c_n)^\top$ と表す．(4.1.1) により，

$$\left\| \sum_{j=1}^{n} c_j k_{x_j} \right\|_{\mathcal{H}_k}^2 = \sum_{i,j=1}^{n} c_i c_j k(x_i, x_j) = \langle K\boldsymbol{c}, \boldsymbol{c} \rangle_{\mathbb{R}^n} \tag{4.1.2}$$

が成り立つことに注意しよう．特に，K は半正定値である．

まず，(i) ⇒ (ii) の対偶を示す．K が固有値 0 をもつと仮定しよう．このとき，$\boldsymbol{c} = (c_1, \ldots, c_n)^\top$ を対応する固有ベクトルとすれば，(4.1.2) により $\sum_{j=1}^{n} c_j k_{x_j} = 0$ が成り立ち，$\{k_{x_1}, \ldots, k_{x_n}\}$ は線形独立ではないことがわかる．

次に (ii) ⇒ (i) の対偶を示す．$\{k_{x_1}, \ldots, k_{x_n}\}$ が線形独立ではないと仮定しよう．このとき，$\sum_{j=1}^{n} c_j k_{x_j} = 0$ をみたす零でないベクトル $\boldsymbol{c} = (c_1, \ldots, c_n)^\top$ が存在する．K は対称行列であるから，K のスペクトル分解を

$$K = \sum_{j=1}^{n} \lambda_j \boldsymbol{u}_j \boldsymbol{u}_j^\top$$

とすれば，

$$\langle K\boldsymbol{c}, \boldsymbol{c} \rangle_{\mathbb{R}^n} = \left\langle \sum_{j=1}^{n} \lambda_j \langle \boldsymbol{c}, \boldsymbol{u}_j \rangle_{\mathbb{R}^n} \boldsymbol{u}_j, \boldsymbol{c} \right\rangle_{\mathbb{R}^n} = \sum_{j=1}^{n} \lambda_j (\langle \boldsymbol{c}, \boldsymbol{u}_j \rangle_{\mathbb{R}^n})^2$$

が成り立つ．今，K の半正定値性から $\lambda_j \geq 0$ $(j = 1, \ldots, n)$ である．ところが，仮定と (4.1.2) から $\langle K\boldsymbol{c}, \boldsymbol{c} \rangle_{\mathbb{R}^n} = 0$ であるので，少なくとも一つの j に対

し，$\lambda_j = 0$ でなくてはならない．よって，K が固有値 0 をもつので，K は可逆ではない． □

4.2　カーネル法の例：回帰問題

カーネル法を用いて回帰問題を解いてみよう．

k を $\mathbb{R}^d$ 上のカーネル関数とし，$\mathcal{H}_k$ を k から構成される再生核ヒルベルト空間とする．この $\mathcal{H}_k$ に対する次の問題を考えよう．

問題 A

$\{\boldsymbol{x}_1, \ldots, \boldsymbol{x}_n\} \subset \mathbb{R}^d$, $\boldsymbol{\lambda} = (\lambda_1, \ldots, \lambda_n)^\top \in \mathbb{R}^n$ に対し，

$$L(f) = \sum_{j=1}^{n} |f(\boldsymbol{x}_j) - \lambda_j|^2 \quad (f \in \mathcal{H}_k)$$

を最小化する $f \in \mathcal{H}_k$ を見つけよ．

仮に，$\mathcal{H}_k$ のことは忘れて，f を一次関数から選ぶことを考えれば，問題 A は線形回帰問題と最小 2 乗法の組み合わせである．つまり，問題 A は $\mathcal{H}_k$ の中で回帰問題と最小 2 乗法を考えようというのである．

解法　この問題は，次のようにして行列の問題に帰着させることができる．まず，P を $\mathcal{H}_k$ 内で $\{k_{\boldsymbol{x}_1}, \ldots, k_{\boldsymbol{x}_n}\}$ により張られる空間の上への直交射影とする．例 3.3.3 と射影定理（定理 3.3.5）の記号を用いれば，$\mathcal{M} = \mathcal{M}(k_{\boldsymbol{x}_1}, \ldots, k_{\boldsymbol{x}_n})$ に対し，$P = P_{\mathcal{M}}$ と表すことができる．f を $f = Pf + (f - Pf)$ と直交分解すると，$f - Pf$ と各 $k_{\boldsymbol{x}_i}$ は直交する（**図 4.4**）．よって，

$$f(\boldsymbol{x}_i) = \langle f, k_{\boldsymbol{x}_i} \rangle_{\mathcal{H}_k} = \langle Pf + (f - Pf), k_{\boldsymbol{x}_i} \rangle_{\mathcal{H}_k} = \langle Pf, k_{\boldsymbol{x}_i} \rangle_{\mathcal{H}_k} = (Pf)(\boldsymbol{x}_i)$$

が成り立つ．すなわち，各 $\boldsymbol{x}_i$ 上での f と Pf の値はまったく同じである．従って，問題 A を考える上では

$$f = Pf = \sum_{j=1}^{n} c_j k_{\boldsymbol{x}_j}$$

と仮定してよい．さて，このとき，

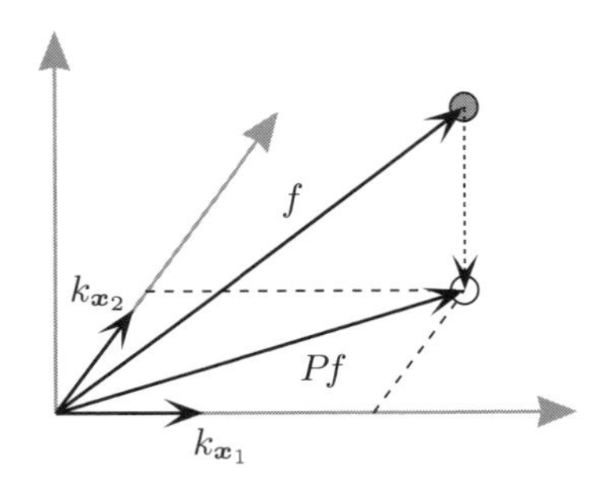

図 4.4：$k_{\boldsymbol{x}_1}$, $k_{\boldsymbol{x}_2}$ で張られる空間への f の直交射影

$$f(\boldsymbol{x}_i) = \langle f, k_{\boldsymbol{x}_i} \rangle_{\mathcal{H}_k} = \left\langle \sum_{j=1}^{n} c_j k_{\boldsymbol{x}_j}, k_{\boldsymbol{x}_i} \right\rangle_{\mathcal{H}_k} = \sum_{j=1}^{n} c_j k(\boldsymbol{x}_i, \boldsymbol{x}_j)$$

は行列を用いると

$$\begin{pmatrix} f(\boldsymbol{x}_1) \\ \vdots \\ f(\boldsymbol{x}_n) \end{pmatrix} = \begin{pmatrix} k(\boldsymbol{x}_1, \boldsymbol{x}_1) & \cdots & k(\boldsymbol{x}_1, \boldsymbol{x}_n) \\ \vdots & \ddots & \vdots \\ k(\boldsymbol{x}_n, \boldsymbol{x}_1) & \cdots & k(\boldsymbol{x}_n, \boldsymbol{x}_n) \end{pmatrix} \begin{pmatrix} c_1 \\ \vdots \\ c_n \end{pmatrix} \tag{4.2.1}$$

と表すことができる．ここで，$K = (k(\boldsymbol{x}_i, \boldsymbol{x}_j))$, $\boldsymbol{c} = (c_1, \ldots, c_n)^\top$ とおけば，$L(f)$ は

$$L(f) = \sum_{j=1}^{n} |f(\boldsymbol{x}_j) - \lambda_j|^2 = \|K\boldsymbol{c} - \boldsymbol{\lambda}\|_{\mathbb{R}^n}^2 \tag{4.2.2}$$

と表される．そして，$\|K\boldsymbol{c} - \boldsymbol{\lambda}\|_{\mathbb{R}^n}^2$ を最小にするベクトル $\boldsymbol{c} \in \mathbb{R}^n$ を求める問題は，通常の線形代数の範囲で解くことができる．実際，K の逆行列 K^{-1} が存在するとき，$\boldsymbol{c} = K^{-1}\boldsymbol{\lambda}$ とし，そうでなければ $K\boldsymbol{z}$ を $\boldsymbol{\lambda}$ の K の値域の上への直交射影として，連立一次方程式 $K\boldsymbol{c} = K\boldsymbol{z}$ を解けばよい．このようにして $\boldsymbol{c} = (c_1, \ldots, c_n)^\top$ が求まれば，

$$f = \sum_{j=1}^{n} c_j k_{x_j} \in \mathcal{H}_k$$

が問題 A の解として得られる．以上の議論において，行列の次数がデータの個数を超えていないことにも注目しよう．　□

問題 A とその解法を次のように解釈しよう．

「カーネル関数 k を取り換えれば，
問題 A の解を様々な関数から選ぶことができる」

これはカーネル法の基本アイデアである．次の問題でこのアイデアを確かめてみよう．

問題 B

$\{x_1, \ldots, x_n\} \subset \mathbb{R}$, $\boldsymbol{\lambda} = (\lambda_1, \ldots, \lambda_n)^\top \in \mathbb{R}^n$ に対し，

$$L(p) = \sum_{j=1}^{n} |p(x_j) - \lambda_j|^2 \quad (p \text{ は多項式})$$

を最小化する次数 d 以下の多項式を見つけよ．

解法 カーネル法により問題 A に帰着させる．すなわち，カーネル関数 k をうまく選んで，次数 d 以下の多項式全体からなる再生核ヒルベルト空間 $\mathcal{H}_k$ を見つけてくればよい．$d \geq n-1$ のときはカーネル法を使う必要がないので，以下，$d < n-1$ を仮定する [*4]．$\mathcal{P}_d$ を d 次以下の多項式全体としよう．特徴写像として

$$\begin{aligned}\Phi : \{x_1, \ldots, x_n\} &\to \mathcal{P}_d \\ x_j &\mapsto 1 + x_j x + \cdots + x_j^d x^d\end{aligned}$$

を採用する．例 4.1.2 で示したことから，$1, yx, \ldots, y^d x^d$ は $\mathbb{R}$ 上のカーネル関数である．さらに，例 4.1.3 で示したことから，それらの和

$$k(x, y) = k_y(x) = 1 + yx + \cdots + y^d x^d \tag{4.2.3}$$

も $\mathbb{R}$ 上のカーネル関数である．このとき，異なる $d+1$ 個の $y_1, \ldots, y_{d+1} \in \mathbb{R}$ に対し，$\{k_{y_1}, \ldots, k_{y_{d+1}}\}$ は線形独立である．実際，$\displaystyle\sum_{j=1}^{d+1} c_j k_{y_j} = 0$ のとき，

---

*4 $d \geq n-1$ の場合については付録 A.1 を参照せよ．

$$\sum_{j=1}^{d+1} c_j k_{y_j}(x) = \sum_{i=0}^{d} \left(\sum_{j=1}^{d+1} c_j y_j^i \right) x^i$$

から

$$\sum_{j=1}^{d+1} c_j y_j^i = 0 \quad (i = 0, 1, \ldots, d)$$

を得る．この等式は行列を用いて

$$\begin{pmatrix} 1 & 1 & \cdots & 1 \\ y_1 & y_2 & \cdots & y_{d+1} \\ \vdots & \vdots & \ddots & \vdots \\ y_1^d & y_2^d & \cdots & y_{d+1}^d \end{pmatrix} \begin{pmatrix} c_1 \\ c_2 \\ \vdots \\ c_{d+1} \end{pmatrix} = \begin{pmatrix} 0 \\ 0 \\ \vdots \\ 0 \end{pmatrix}$$

と表されるが，ヴァンデルモンドの行列式（付録 A.1）により，

$$\det \begin{pmatrix} 1 & 1 & \cdots & 1 \\ y_1 & y_2 & \cdots & y_{d+1} \\ \vdots & \vdots & \ddots & \vdots \\ y_1^d & y_2^d & \cdots & y_{d+1}^d \end{pmatrix} = \prod_{1 \le i < j \le d+1} (y_j - y_i) \neq 0$$

が成り立ち，$c_1 = \cdots = c_{d+1} = 0$ が導かれる．さて，本題に戻って，$\mathcal{P}_d$ の次元が $d+1$ であることと，$\{k_{y_1}, \ldots, k_{y_{d+1}}\}$ は線形独立であることから，$\mathcal{V} = \mathcal{P}_d$ が成り立つ．従って，例題 4.1.6 で示したことにより，任意の $p(x) = a_0 + a_1 x + \cdots + a_d x^d$ に対し，

$$\langle p, k_y \rangle_{\mathcal{V}} = a_0 + a_1 y + \cdots + a_d y^d$$

が成り立つ．よって，後は，$\mathcal{H}_k = \mathcal{P}_d$ として [*5]，問題 A の解法をそのまま適用すれば，問題 B の解

$$f = \sum_{j=1}^{n} c_j k_{x_j} \in \mathcal{P}_d$$

が得られる． □

問題 A の解法は次のように一般化される．

---

*5 今，$\mathcal{P}_d$ は有限次元であるため，完備化の作業は必要ない．

定理 4.2.1 (リプレゼンター定理). k を X 上のカーネル関数とし, $\mathcal{H}_k$ を k から構成される再生核ヒルベルト空間とする. $D = \{x_1, \ldots, x_n\} \subset X$ をデータの集合, L は n 変数の関数, b は実数, Ψ は $\mathbb{R}$ 上の単調非減少関数とする. この設定の下で

$$L(f(x_1)+b, \ldots, f(x_n)+b) + \Psi(\|f\|_{\mathcal{H}_k}^2) \quad (f \in \mathcal{H}_k)$$

を $\mathcal{H}_k$ の中で最小化したいとき, $f = \sum_{j=1}^{n} c_j k_{x_j}$ と仮定してよい [*6].

証明 問題 A の解法とほとんど同じである. まず P を $\mathcal{H}_k$ 内で $\{k_{x_1}, \ldots, k_{x_n}\}$ により張られる空間の上への直交射影とすると,

$$f(x_i) = \langle f, k_{x_i} \rangle_{\mathcal{H}_k} = \langle Pf, k_{x_i} \rangle_{\mathcal{H}_k} = (Pf)(x_i)$$

が成り立つ. すなわち, 各 x_i 上での f と Pf の値はまったく同じである. 従って,

$$L((Pf)(x_1)+b, \ldots, (Pf)(x_n)+b) = L(f(x_1)+b, \ldots, f(x_n)+b)$$

を得る. また, $\|Pf\|_{\mathcal{H}_k}^2 \leq \|f\|_{\mathcal{H}_k}^2$ と Ψ が単調非減少であることから,

$$\Psi(\|Pf\|_{\mathcal{H}_k}^2) \leq \Psi(\|f\|_{\mathcal{H}_k}^2)$$

を得る. よって,

$$\begin{aligned} &L((Pf)(x_1)+b, \ldots, (Pf)(x_n)+b) + \Psi(\|Pf\|_{\mathcal{H}_k}^2) \\ &\leq L(f(x_1)+b, \ldots, f(x_n)+b) + \Psi(\|f\|_{\mathcal{H}_k}^2) \end{aligned}$$

が成り立つので, 一般に

$$f = Pf = \sum_{j=1}^{n} c_j k_{x_j}$$

と仮定してよい. □

---

*6　$\Psi(\|f\|_{\mathcal{H}_k}^2)$ は過学習を避けるために入れる項である. 直観的に述べると, 関数 f のノルムが大きいと f はある点で大きな値をとるか, または激しく振動すると考えられる. このような関数たちが過学習を引き起こす.

4.3　カーネル法の例：分類問題

ここでは，カーネル法を用いて分類問題を解いてみよう．この節の中では $\mathbb{R}^2$ の点やベクトルを (x, y) のように横ベクトルで表す．

線形分離とカーネル法

平面 $\mathbb{R}^2$ 上に n 個のデータが分布している状況を考える．データの集合 D を

$$D = \{(x_1, y_1), \ldots, (x_n, y_n)\} \subset \mathbb{R}^2$$

と表し，各データ (x_j, y_j) には符号 $\lambda_j \in \{-1, +1\}$ がラベル付けされているとする．このとき，D は

$$D_+ = \{(x_j, y_j) \in D : \lambda_j = +1\}, \quad D_- = \{(x_j, y_j) \in D : \lambda_j = -1\}$$

と分割される．さて，次の問題を考えよう．

問題 C

$D = \{(x_1, y_1), \ldots, (x_n, y_n)\} \subset \mathbb{R}^2$ の分割 $D = D_+ \cup D_-$ に対し，

$$D_+ \subset \{(x, y) \in \mathbb{R}^2 : f(x, y) > 0\}$$
$$D_- \subset \{(x, y) \in \mathbb{R}^2 : f(x, y) < 0\}$$

をみたす関数 $f(x, y) = ax + by + c$ を見つけよ．

問題 C に解が存在するとき，すなわち，D_+ と D_- の間に直線が引けるとき，D は**線形分離**できるという．しかし，データの分布が線形分離と相性が悪いことも考えられる．そこで問題を広げて考えてみよう．

問題 $\widetilde{\mathrm{C}}$

$D = \{(x_1, y_1), \ldots, (x_n, y_n)\} \subset \mathbb{R}^2$ の分割 $D = D_+ \cup D_-$ に対し，

$$D_+ \subset \{(x, y) \in \mathbb{R}^2 : f(x, y) > 0\}$$

$$D_- \subset \{(x,y) \in \mathbb{R}^2 : f(x,y) < 0\}$$

をみたす関数 $f(x,y) = a + bx + cy + dx^2 + ey^2$ を見つけよ．

$f(x,y) = a + bx + cy + dx^2 + ey^2$ を関数の候補にできれば，$f(x,y) = 0$ により直線だけでなく円や楕円も表すことができるため，データを分割する図形の選択肢が増えるわけである．しかし，線形の枠組みを超えてしまうという問題がある．ここで，カーネル法を適用しよう．特徴写像 $\Phi : \mathbb{R}^2 \to \mathbb{R}^5$ を

$$\Phi(x,y) = (1, x, y, x^2, y^2)^\top \tag{4.3.1}$$

と定めると，例 4.1.4 で示したことにより，$\mathbb{R}^2$ 上のカーネル関数

$$k((x,y),(z,w)) = \langle \Phi(z,w), \Phi(x,y) \rangle_{\mathbb{R}^5} \quad ((x,y),(z,w) \in \mathbb{R}^2)$$

が定まる．これは $\Phi(z,w)$ の (x,y) での値を $\langle \Phi(z,w), \Phi(x,y) \rangle_{\mathbb{R}^5}$ と定め，$\Phi(z,w)$ を関数と見なすことに相当する．このとき，$\boldsymbol{v} = (a,b,c,d,e)^\top \in \mathbb{R}^5$ に対し，

$$\langle \boldsymbol{v}, \Phi(x_j, y_j) \rangle_{\mathbb{R}^5} = a + bx_j + cy_j + dx_j^2 + ey_j^2$$

が成り立つ．よって，問題 $\widetilde{\mathrm{C}}$ を解くには，$\mathbb{R}^5$ のベクトル $\boldsymbol{v}$ で

$$\Phi(D_+) \subset \{\boldsymbol{x} \in \mathbb{R}^5 : \langle \boldsymbol{v}, \boldsymbol{x} \rangle_{\mathbb{R}^5} > 0\}$$
$$\Phi(D_-) \subset \{\boldsymbol{x} \in \mathbb{R}^5 : \langle \boldsymbol{v}, \boldsymbol{x} \rangle_{\mathbb{R}^5} < 0\}$$

をみたすものを見つけてくればよい．実際，このような $\boldsymbol{v}$ が見つかれば，$(x_j, y_j) \in D_+$ のとき，$\Phi(x_j, y_j) \in \Phi(D_+)$ であるため，

$$a + bx_j + cy_j + dx_j^2 + ey_j^2 = \langle \boldsymbol{v}, \Phi(x_j, y_j) \rangle_{\mathbb{R}^5} > 0$$

が成り立つからである．D_- についても同様である．従って，

$$f(x,y) = a + bx + cy + dx^2 + ey^2$$

と定めればよい．特に，

$$\{\boldsymbol{x} \in \mathbb{R}^5 : \langle \boldsymbol{v}, \boldsymbol{x} \rangle_{\mathbb{R}^5} = 0\}$$

は $\mathbb{R}^5$ 内の超平面であるので，問題 $\widetilde{\mathrm{C}}$ が $\mathbb{R}^5$ での線形分離の問題に帰着されたことになる．また，リプレゼンター定理と同様に，$\boldsymbol{v} = \sum_{j=1}^{n} c_j \Phi(x_j, y_j)$ と仮定してよいことに注意しよう．

例題 4.3.1.　$\mathbb{R}^2$ 内のデータの集合 D_+ と D_- が直線 $ax+by+c=0$ で分離されるとき，$\Phi(D_+)$ と $\Phi(D_-)$ が $\mathbb{R}^3$ 内で原点を通る平面により線形分離されるような特徴写像 Φ を見つけよ．

解答　今，直線 $ax+by+c=0$ は $\mathbb{R}^2$ で D_+ と D_- を分離するので，法ベクトルの向きを調整して

$$D_+ \subset \{(x,y) \in \mathbb{R}^2 : ax+by+c>0\}$$
$$D_- \subset \{(x,y) \in \mathbb{R}^2 : ax+by+c<0\}$$

と仮定してよい．ここで，特徴写像 $\Phi : \mathbb{R}^2 \to \mathbb{R}^3$ を

$$\Phi(x,y) = (x,y,1)^\top$$

と定めると，例 4.1.4 で示したことにより，$\mathbb{R}^2$ 上のカーネル関数

$$k((x,y),(z,w)) = \langle \Phi(z,w), \Phi(x,y) \rangle_{\mathbb{R}^3} = zx+wy+1 \ ((x,y),(z,w) \in \mathbb{R}^2)$$

が定まる．このとき，$(x,y) \in D_+$ と $\boldsymbol{v} = (a,b,c)^\top$ に対し，

$$\langle \boldsymbol{v}, \Phi(x,y) \rangle_{\mathbb{R}^3} = ax+by+c>0$$

が成り立つ．よって，

$$\Phi(D_+) \subset \{\boldsymbol{x} \in \mathbb{R}^3 : \langle \boldsymbol{v}, \boldsymbol{x} \rangle_{\mathbb{R}^3} > 0\}$$

となる．D_- に関しても同様に，

$$\Phi(D_-) \subset \{\boldsymbol{x} \in \mathbb{R}^3 : \langle \boldsymbol{v}, \boldsymbol{x} \rangle_{\mathbb{R}^3} < 0\}$$

を得る．従って，$\Phi(D_+)$ と $\Phi(D_-)$ は原点を通る平面 $\{\boldsymbol{x} \in \mathbb{R}^3 : \langle \boldsymbol{v}, \boldsymbol{x} \rangle_{\mathbb{R}^3} = 0\}$ により線形分離されることがわかった．　□

例題 4.3.2. $\mathbb{R}^2$ 内のデータの集合 D_+ と D_- が円 $x^2+y^2=1$ で分離されるとき，$\Phi(D_+)$ と $\Phi(D_-)$ が $\mathbb{R}^3$ で線形分離されるような特徴写像 Φ を見つけよ．

解答 今，D_+ が円 $x^2+y^2=1$ の外側にあると仮定しよう．すなわち，

$$D_+ \subset \{(x,y) \in \mathbb{R}^2 : x^2+y^2 > 1\}$$

と仮定しよう．D_- については

$$D_- \subset \{(x,y) \in \mathbb{R}^2 : x^2+y^2 < 1\}$$

と仮定する．ここで，特徴写像 $\Phi : \mathbb{R}^2 \to \mathbb{R}^3$ を

$$\Phi(x,y) = (x, y, x^2+y^2-1)^\top$$

と定めると，例 4.1.4 で示したことにより，$\mathbb{R}^2$ 上のカーネル関数

$$\begin{aligned} k((x,y),(z,w)) &= \langle \Phi(z,w), \Phi(x,y) \rangle_{\mathbb{R}^3} \\ &= zx + wy + (z^2+w^2-1)(x^2+y^2-1) \ ((x,y),(z,w) \in \mathbb{R}^2) \end{aligned}$$

が定まる．このとき，$(x,y) \in D_+$ と $\boldsymbol{v} = (0,0,1)^\top$ に対し，

$$\langle \boldsymbol{v}, \Phi(x,y) \rangle_{\mathbb{R}^3} = x^2+y^2-1 > 0$$

が成り立つ．よって，

$$\Phi(D_+) \subset \{\boldsymbol{x} \in \mathbb{R}^3 : \langle \boldsymbol{v}, \boldsymbol{x} \rangle_{\mathbb{R}^3} > 0\}$$

となる．D_- についても同様に，

$$\Phi(D_-) \subset \{\boldsymbol{x} \in \mathbb{R}^3 : \langle \boldsymbol{v}, \boldsymbol{x} \rangle_{\mathbb{R}^3} < 0\}$$

が成り立つ．従って，$\Phi(D_+)$ と $\Phi(D_-)$ は線形分離されることがわかった．□

データ数と次元

これまでに，ユークリッド空間内で線形分離できないデータの集合もカーネル法を用いると線形分離できる可能性があることを見た．線形分離可能なデータの集合に対する適切な超平面の選び方については付録 D に簡単な解説がある．ここでは，データの分布と次元の関係から，線形分離問題に解が存在するための十分条件を与える．最初からカーネル法を用いた形式で述べよう．

定理 4.3.3.　$D=\{x_1,\ldots,x_n\}\subset X$ をデータの集合，$\mathcal{H}_k$ を再生核ヒルベルト空間，$\Phi: X\to\mathcal{H}_k$ を特徴写像とする．$\{\Phi(x_1),\ldots,\Phi(x_n)\}$ が線形独立であるとき，D の任意の分割 $D=D_+\cup D_-$ $(D_+\cap D_-=\emptyset)$ に対し，$\Phi(D_+)$ と $\Phi(D_-)$ は $\mathcal{H}_k$ 内で線形分離可能である．

証明　以下では，

$$\Phi(D_+)\subset\{f\in\mathcal{H}_k:\langle v,f\rangle_{\mathcal{H}_k}>0\}$$
$$\Phi(D_-)\subset\{f\in\mathcal{H}_k:\langle v,f\rangle_{\mathcal{H}_k}<0\}$$

をみたす $v\in\mathcal{H}_k$ を構成しよう．$\mathcal{W}$ を $\{\Phi(x_1),\ldots,\Phi(x_n)\}$ で張られる $\mathcal{H}_k$ の部分空間とし，$1\le j\le n$ に対し，

$$\mathcal{W}_j=\mathcal{W}\cap\{f\in\mathcal{H}_k:\langle f,\Phi(x_i)\rangle_{\mathcal{H}_k}=0\ (i\neq j)\}$$

と定める．$\mathcal{W}_j$ は，$\mathcal{W}$ の中の関数で $\Phi(x_1),\ldots,\Phi(x_{j-1}),\Phi(x_{j+1}),\ldots,\Phi(x_n)$ すべてと直交するベクトルからなる部分空間である．このとき，$\dim\mathcal{W}_j=1$ であるので，$\mathcal{W}_j=\{cw_j\in\mathcal{W}:c\in\mathbb{R}\}$ と表すことができる．この $w_j\in\mathcal{W}$ に対し，

$$\langle w_j,\Phi(x_j)\rangle_{\mathcal{H}_k}\neq 0\quad\text{かつ}\quad\langle w_j,\Phi(x_i)\rangle_{\mathcal{H}_k}=0\quad(i\neq j)$$

が成り立つことに注意しよう．ここで，$v_j=w_j/\langle w_j,\Phi(x_j)\rangle_{\mathcal{H}_k}$ と定めれば，

$$\langle v_j,\Phi(x_i)\rangle_{\mathcal{H}_k}=\begin{cases}1 & (i=j)\\ 0 & (i\neq j)\end{cases}$$

が成り立つ．このとき，$x_i\in D_+$ のとき $\lambda_i=+1$, $x_i\in D_-$ のとき $\lambda_i=-1$ として，各 x_i にラベルを付け，

$$v=\sum_{j=1}^{n}\lambda_j v_j$$

と定めると，$v\in\mathcal{W}$ であり，

$$\langle v,\Phi(x_i)\rangle_{\mathcal{H}_k}=\sum_{j=1}^{n}\lambda_j\langle v_j,\Phi(x_i)\rangle_{\mathcal{H}_k}=\lambda_i$$

を得る．よって，

$$\{f \in \mathcal{H}_k : \langle v, f\rangle_{\mathcal{H}_k} = 0\}$$

により，$\Phi(D_+)$ と $\Phi(D_-)$ は線形分離可能である． □

補足 4.3.4. $D = \{x_1, \ldots, x_n\} \subset X$ をデータの集合，$\Phi : D \to \mathbb{R}^m$ を特徴写像，$\{\Phi(x_1), \ldots, \Phi(x_n)\}$ で張られるベクトル空間を $\mathcal{W}$ とするとき，次の (i), (ii), (iii) は同値である．

(i) $\{\Phi(x_1), \ldots, \Phi(x_n)\}$ は線形独立である．

(ii) $\dim \mathcal{W} = n$.

(iii) $m \times n$ 行列 $(\Phi(x_1) \ \cdots \ \Phi(x_n))$ の階数が n である．

4.4 カーネル関数の演算

前節までに見てきたように，カーネル法の仕組みは単純である．従って，本質的な問題は目的に適したカーネル関数の構成にある．ここでは，カーネル関数の演算を列挙しよう．

カーネル関数の和

k_1, k_2 を X 上のカーネル関数としよう．例 4.1.3 にて

$$(k_1 + k_2)(x, y) = k_1(x, y) + k_2(x, y) \quad (x, y \in X)$$

も X 上のカーネル関数であることを示した．さらに，$f_1 \in \mathcal{H}_{k_1}$, $f_2 \in \mathcal{H}_{k_2}$ であれば $f_1 + f_2 \in \mathcal{H}_{k_1+k_2}$ であり，

$$\|f_1 + f_2\|^2_{\mathcal{H}_{k_1+k_2}} \leq \|f_1\|^2_{\mathcal{H}_{k_1}} + \|f_2\|^2_{\mathcal{H}_{k_2}} \tag{4.4.1}$$

が成り立つ．

カーネル関数の積

k_1, k_2 を X 上のカーネル関数としよう．このとき，

$$(k_1 k_2)(x, y) = k_1(x, y) k_2(x, y) \quad (x, y \in X)$$

も X 上のカーネル関数である．実際，対称性は明らかであり，

$$(k_1k_2(x_i, x_j)) = (k_1(x_i, x_j)) \circ (k_2(x_i, x_j)) \quad (\circ \text{ はシューア積})$$

とシューアの定理（定理 1.5.4）により，k_1k_2 の半正定値性が得られる．さらに，$f_1 \in \mathcal{H}_{k_1}$，$f_2 \in \mathcal{H}_{k_2}$ であれば $f_1f_2 \in \mathcal{H}_{k_1k_2}$ であり，

$$\|f_1f_2\|^2_{\mathcal{H}_{k_1k_2}} \leq \|f_1\|^2_{\mathcal{H}_{k_1}} \|f_2\|^2_{\mathcal{H}_{k_2}} \tag{4.4.2}$$

が成り立つ．

カーネル関数の極限

$\{k_n\}_n$ を X 上のカーネル関数の列とする．このとき，$\lim_{n\to\infty} k_n(x, y)$ $(x, y \in X)$ が存在するなら，

$$k(x, y) = \lim_{n\to\infty} k_n(x, y) \quad (x, y \in X)$$

はカーネル関数である．この $k = \lim_{n\to\infty} k_n$ の対称性と半正定値性はほとんど明らかであろう．

例 4.4.1（ガウスカーネル）．　任意の $\gamma > 0$ に対し，

$$k(\boldsymbol{x}, \boldsymbol{y}) = \exp\left(-\gamma\|\boldsymbol{x} - \boldsymbol{y}\|^2_{\mathbb{R}^d}\right) \quad (\boldsymbol{x}, \boldsymbol{y} \in \mathbb{R}^d)$$

と定める．この k はカーネル関数であり，特に，**ガウスカーネル**とよばれる．

以下，この k がカーネル関数であることを示そう．まず，$\|\boldsymbol{x}\|_{\mathbb{R}^d} = \|\boldsymbol{x}\|$，$\langle \boldsymbol{x}, \boldsymbol{y}\rangle_{\mathbb{R}^d} = \langle \boldsymbol{x}, \boldsymbol{y}\rangle$ と略記し，

$$\begin{aligned}\exp\left(-\gamma\|\boldsymbol{x} - \boldsymbol{y}\|^2\right) &= \exp\left(-\gamma(\|\boldsymbol{x}\|^2 - 2\langle \boldsymbol{x}, \boldsymbol{y}\rangle + \|\boldsymbol{y}\|^2)\right) \\ &= e^{-\gamma\|\boldsymbol{x}\|^2} e^{2\gamma\langle \boldsymbol{x}, \boldsymbol{y}\rangle} e^{-\gamma\|\boldsymbol{y}\|^2}\end{aligned}$$

と変形しよう．このとき，指数関数のマクローリン展開により，$e^{2\gamma\langle \boldsymbol{x}, \boldsymbol{y}\rangle}$ は

$$e^{2\gamma\langle \boldsymbol{x}, \boldsymbol{y}\rangle} = \sum_{n=0}^{\infty} \frac{(2\gamma\langle \boldsymbol{x}, \boldsymbol{y}\rangle)^n}{n!}$$

と表されることに注意しよう．例 4.1.4 から，$\langle \boldsymbol{x}, \boldsymbol{y} \rangle$ はカーネル関数である．その正の定数倍である $2\gamma\langle \boldsymbol{x}, \boldsymbol{y} \rangle$ もカーネル関数であることは明らかであろう．そして，カーネル関数の和と積と極限はまたカーネル関数であるので，$e^{2\gamma\langle \boldsymbol{x}, \boldsymbol{y} \rangle}$ はカーネル関数である．また，例 4.1.2 により，$e^{-\gamma\|\boldsymbol{x}\|^2} e^{-\gamma\|\boldsymbol{y}\|^2}$ もカーネル関数である．従って，シューアの定理（定理 1.5.4）により，

$$\exp\left(-\gamma\|\boldsymbol{x} - \boldsymbol{y}\|^2\right) = e^{-\gamma\|\boldsymbol{x}\|^2} e^{2\gamma\langle \boldsymbol{x}, \boldsymbol{y} \rangle} e^{-\gamma\|\boldsymbol{y}\|^2}$$

はカーネル関数である．

引き戻しカーネル

k を X 上のカーネル関数とし，集合 Y と写像 $\varphi : Y \to X$ を考えよう．このとき，

$$(k \circ \varphi)(y, y') = k(\varphi(y), \varphi(y')) \quad (y, y' \in Y)$$

と略記すれば，$k \circ \varphi$ は Y 上のカーネル関数である．さらに，$f \in \mathcal{H}_k$ であれば $f \circ \varphi \in \mathcal{H}_{k \circ \varphi}$ であり，

$$\|f \circ \varphi\|_{\mathcal{H}_{k \circ \varphi}}^2 \leq \|f\|_{\mathcal{H}_k}^2 \tag{4.4.3}$$

が成り立つ．

以下，$k \circ \varphi$ が Y 上のカーネル関数であることを確認しよう．対称性は明らかであるから，半正定値性を示す．任意の $y_1, \ldots, y_n \in Y$ に対し，$\varphi(y_i) = \varphi(y_j)$ のように重複があるかもしれないことを考慮して，$\varphi(y_1), \ldots, \varphi(y_n)$ を重複のないように $x_1, \ldots, x_p$ と表す．以下，m を固定したときに $\varphi(y_i) = x_m$ をみたす i に関する和を $\displaystyle\sum_{i:\varphi(y_i)=x_m}$ と表す．このとき，任意の $c_1, \ldots, c_n \in \mathbb{R}$ に対し，

$$\begin{aligned}
\sum_{i,j=1}^{n} c_i c_j k(\varphi(y_i), \varphi(y_j)) &= \sum_{m,\ell=1}^{p} \left(\sum_{i:\varphi(y_i)=x_m} \sum_{j:\varphi(y_j)=x_\ell} c_i c_j \right) k(x_m, x_\ell) \\
&= \sum_{m,\ell=1}^{p} \left(\sum_{i:\varphi(y_i)=x_m} c_i \right) \left(\sum_{j:\varphi(y_j)=x_\ell} c_j \right) k(x_m, x_\ell)
\end{aligned}$$

$$= \sum_{m,\ell=1}^{p} d_m d_\ell k(x_m, x_\ell) \geq 0$$

が成り立つ．ここで，

$$d_m = \sum_{i:\varphi(y_i)=x_m} c_i$$

とおいた．

カーネル関数のテンソル積

k_1, k_2 をそれぞれ X_1, X_2 上のカーネル関数とし，$k_1 \otimes k_2$ を

$$(k_1 \otimes k_2)((x_1, x_2), (y_1, y_2)) = k_1(x_1, y_1)k_2(x_2, y_2) \quad (x_1, y_1 \in X_1,\ x_2, y_2 \in X_2)$$

と定める．すなわち，$k_1 \otimes k_2$ は k_1 と k_2 を合わせて 4 変数化した関数である．シューアの定理（定理 1.5.4）により，$k_1 \otimes k_2$ は $X_1 \times X_2$ 上のカーネル関数である．

テンソル積と通常の積との関係を述べよう．k_1, k_2 を X 上のカーネル関数とする．このとき，対角線写像

$$\Delta : X \to X \times X, \quad \Delta(x) = (x, x)$$

に対し，引き戻しカーネルの場合に考えたように，

$$((k_1 \otimes k_2) \circ \Delta)(x, y) = (k_1 \otimes k_2)(\Delta(x), \Delta(y))$$

と略記することにすれば，

$$\begin{aligned} ((k_1 \otimes k_2) \circ \Delta)(x, y) &= (k_1 \otimes k_2)(\Delta(x), \Delta(y)) \\ &= (k_1 \otimes k_2)((x, x), (y, y)) \\ &= k_1(x, y)k_2(x, y) \end{aligned}$$

が成り立つ．よって，$k_1 k_2$ は $k_1 \otimes k_2$ の Δ に沿った引き戻しである．

以上がカーネル関数の基本的な演算である．特に，カーネル関数の和と積と引き戻しにはそれぞれ不等式 (4.4.1), (4.4.2), (4.4.3) が付随していた．これらの不等式が導かれる仕組みは付録 B.3 で解説される．

畳み込みカーネル

福水[4]で紹介されている**畳み込みカーネル**は引き戻しの一般化とテンソル積の組み合わせであることを解説しよう．$X_1,\ldots,X_D,Y$ を集合とし，φ を Y 上で定義され $X_1\times\cdots\times X_D$ の有限部分集合に値をとる集合値写像とする．例えば，$\varphi(y)=\{\boldsymbol{x}_1,\ldots,\boldsymbol{x}_n\}$ $(\boldsymbol{x}_j\in X_1\times\cdots\times X_D)$ のように表される．ここでは引き戻しを説明した際の記号に合わせて話を進めるが，[4]では $\boldsymbol{x}\in\varphi(y)$ のことを $(x_i)_{i=1}^D\in R^{-1}(y)$ と表している．以下では，$\boldsymbol{x},\boldsymbol{x}'\in X_1\times\cdots\times X_D$ を $\boldsymbol{x}=(x_1,\ldots,x_D)$, $\boldsymbol{x}'=(x_1',\ldots,x_D')$ と表す．さて，$k_1,\ldots,k_D$ をそれぞれ $X_1,\ldots,X_D$ 上のカーネル関数として，$k_1,\ldots,k_D$ に対する畳み込みカーネルは

$$k_{\mathrm{conv}}(y,y')=\sum_{\boldsymbol{x}\in\varphi(y)}\sum_{\boldsymbol{x}'\in\varphi(y')}\prod_{i=1}^{D}k_i(x_i,x_i')\quad(y,y'\in Y)$$

と定義される．

畳み込みカーネルの意味を解読してみよう．まず一般に，再生核等式 $f(x)=\langle f,k_x\rangle_{\mathcal{H}_k}$ は，k_x は関数 f に対し $f(x)$ を返すセンサであると読むことができる[*7]．よって，畳み込みカーネルに出てくる $\displaystyle\prod_{i=1}^{D}k_i(x_i,x_i')$ は $\boldsymbol{x}'=(x_1',\ldots,x_D')$ に反応するセンサである．従って，それらの和である

$$\sum_{\boldsymbol{x}\in\varphi(y)}\sum_{\boldsymbol{x}'\in\varphi(y')}\prod_{i=1}^{D}k_i(x_i,x_i')$$

は，集合 $\varphi(y')$ に反応するセンサである．$\boldsymbol{x}\in\varphi(y)$ でも和をとるのは，カーネル関数は対称でなくてはならないからである．

以下，畳み込みカーネルが実際にカーネル関数であることを示そう．対称性は明らかであるから，半正定値性を示す．まず，

$$\prod_{i=1}^{D}k_i(x_i,x_i')$$

は D 個のカーネル関数 $k_1,\ldots,k_D$ のテンソル積 $k_1\otimes\cdots\otimes k_D$ であることに気づけば，畳み込みカーネルは一つのカーネル関数 k を用いて，

[*7] 我々は日常的に用途に合わせたセンサを使っている．カーネル法も同じである．

$$k_{\mathrm{conv}}(y,y') = \sum_{\boldsymbol{x}\in\varphi(y)} \sum_{\boldsymbol{x}'\in\varphi(y')} k(\boldsymbol{x},\boldsymbol{x}') \quad (y,y'\in Y)$$

と表してよいことになる．次に，任意の $y_1,\ldots,y_n \in Y$ に対し，$\varphi(y_i)\cap\varphi(y_j)\neq\emptyset$ のように重複があるかもしれないことを考慮して，$\varphi(y_1)\cup\cdots\cup\varphi(y_n)$ を重複のないように $\{\boldsymbol{x}_1,\ldots,\boldsymbol{x}_p\}$ と表す．以下，m を固定したときに $\boldsymbol{x}_m\in\varphi(y_i)$ をみたす i に関する和を $\displaystyle\sum_{i:\boldsymbol{x}_m\in\varphi(y_i)}$ と表す．このとき，任意の $c_1,\ldots,c_n\in\mathbb{R}$ に対し，

$$\begin{aligned}
\sum_{i,j=1}^{n} c_i c_j k_{\mathrm{conv}}(y_i,y_j) &= \sum_{i,j=1}^{n} c_i c_j \sum_{\boldsymbol{x}\in\varphi(y_i)} \sum_{\boldsymbol{x}'\in\varphi(y_j)} k(\boldsymbol{x},\boldsymbol{x}') \\
&= \sum_{m,\ell=1}^{p} \left(\sum_{i:\boldsymbol{x}_m\in\varphi(y_i)} \sum_{j:\boldsymbol{x}_\ell\in\varphi(y_j)} c_i c_j \right) k(\boldsymbol{x}_m,\boldsymbol{x}_\ell) \quad (4.4.4) \\
&= \sum_{m,\ell=1}^{p} \left(\sum_{i:\boldsymbol{x}_m\in\varphi(y_i)} c_i \right) \left(\sum_{j:\boldsymbol{x}_\ell\in\varphi(y_j)} c_j \right) k(\boldsymbol{x}_m,\boldsymbol{x}_\ell) \\
&= \sum_{m,\ell=1}^{p} d_m d_\ell k(\boldsymbol{x}_m,\boldsymbol{x}_\ell) \geq 0
\end{aligned}$$

が成り立つ．ここで，

$$d_m = \sum_{i:\boldsymbol{x}_m\in\varphi(y_i)} c_i$$

とおいた．以上の議論は引き戻しカーネルの議論とほとんど同じである．

補足 4.4.2.　(4.4.4) を導く計算はわかりづらいかもしれないので，ここで少々補足しよう．各 $\varphi(y_i)$ は有限集合であるので，重複がないように

$$\varphi(y_i) = \{\boldsymbol{x}_{i,1},\ldots,\boldsymbol{x}_{i,N(i)}\}$$

と表すことにすれば，

$$\sum_{\boldsymbol{x}\in\varphi(y_i)} \sum_{\boldsymbol{x}'\in\varphi(y_j)} k(\boldsymbol{x},\boldsymbol{x}') = \sum_{\alpha=1}^{N(i)} \sum_{\beta=1}^{N(j)} k(\boldsymbol{x}_{i,\alpha},\boldsymbol{x}_{j,\beta}) \qquad (4.4.5)$$

と表される．m, ℓ を固定したとき，(4.4.5) の右辺の和の中で $(\boldsymbol{x}_m, \boldsymbol{x}_\ell)$ に関する項が現れるのは，あったとしても一回だけであることに注意しよう．特に，$(\boldsymbol{x}_m, \boldsymbol{x}_\ell)$ に関する項が現れるとき，$c_i c_j k(\boldsymbol{x}_m, \boldsymbol{x}_\ell)$ の係数 $c_i c_j$ の添え字 i, j は $\boldsymbol{x}_m \in \varphi(y_i)$ かつ $\boldsymbol{x}_\ell \in \varphi(y_j)$ をみたす．よって，$k(\boldsymbol{x}_m, \boldsymbol{x}_\ell)$ でまとめることを考えれば，

$$\begin{aligned}
&\sum_{i,j=1}^{n} c_i c_j \sum_{\boldsymbol{x} \in \varphi(y_i)} \sum_{\boldsymbol{x}' \in \varphi(y_j)} k(\boldsymbol{x}, \boldsymbol{x}') \\
&= \sum_{m,\ell=1}^{p} \left(\sum_{i:\boldsymbol{x}_m \in \varphi(y_i)} \sum_{j:\boldsymbol{x}_\ell \in \varphi(y_j)} c_i c_j \right) k(\boldsymbol{x}_m, \boldsymbol{x}_\ell)
\end{aligned}$$

が導かれる．

4.5 数値例

ここでは，4.2 節の問題 A, B（回帰問題），および 4.3 節の問題 $\widetilde{\mathrm{C}}$（分類問題）の数値例を通してカーネル法の有用性を確認しよう．

問題 A の数値例

まずは，問題 A を解いてみよう．変数 $x \in \mathbb{R}$ と変数 $\lambda \in \mathbb{R}$ の間に

$$\lambda = f_T(x) = 1 - 1.5x + \sin x + \cos(3x)$$

という関係が成り立つとする．今，$[-3, 3]$ の範囲でランダムに生成された n 点のデータ $x_1, \ldots, x_n$ とそれに対応する $\lambda_j = f_T(x_j)$ が与えられたとしよう．なお，機械学習では $\widetilde{D} = \{(x_1, \lambda_1), (x_2, \lambda_2), \ldots, (x_n, \lambda_n)\}$ を関係式 $f_T(x)$ を学習するための訓練データとよぶ．つまり，この訓練データ $\widetilde{D}$ の下で問題 A を解くことにより，真の関係式 $f_T(x)$ を推定する．

(4.2.1) のカーネル関数 $k(x, y)$ として，以下のガウスカーネルを用いる．

$$k(x, y) = \exp\left(-\frac{(x-y)^2}{2} \right)$$

(4.2.2) より，$L(f)$ を最小化する問題は，$\|K\boldsymbol{c} - \boldsymbol{\lambda}\|_{\mathbb{R}^n}^2$ を最小にするベクトル $\boldsymbol{c} \in \mathbb{R}^n$ を求める問題に帰着される．ガウスカーネルを用いれば，$x_1, x_2, \ldots, x_n$

がすべて異なるという仮定の下，K は可逆であるから [*8]，今回の場合は，単純に $\boldsymbol{c} = K^{-1}\boldsymbol{\lambda}$ として求めることができる．この解は

$$\begin{aligned} \frac{\partial L}{\partial \boldsymbol{c}} &= \frac{\partial}{\partial \boldsymbol{c}} \left((K\boldsymbol{c} - \boldsymbol{\lambda})^\top (K\boldsymbol{c} - \boldsymbol{\lambda}) \right) = \mathbf{0} \\ &\Rightarrow 2K^\top K\boldsymbol{c} - 2K^\top \boldsymbol{\lambda} = \mathbf{0} \\ &\Rightarrow \boldsymbol{c} = (K^\top K)^{-1} K^\top \boldsymbol{\lambda} = K^{-1}\boldsymbol{\lambda} \end{aligned}$$

と求まることにも注意しておこう．

訓練データ数が $n = 4, 8, 15$ と増加する場合に対し，求めた解

$$f(x) = \sum_{j=1}^{n} c_j k(x, x_j)$$

を**図 4.5** に示す．ただし，図中の破線が真の関係式 $f_T(x)$，'+' 印が訓練データ

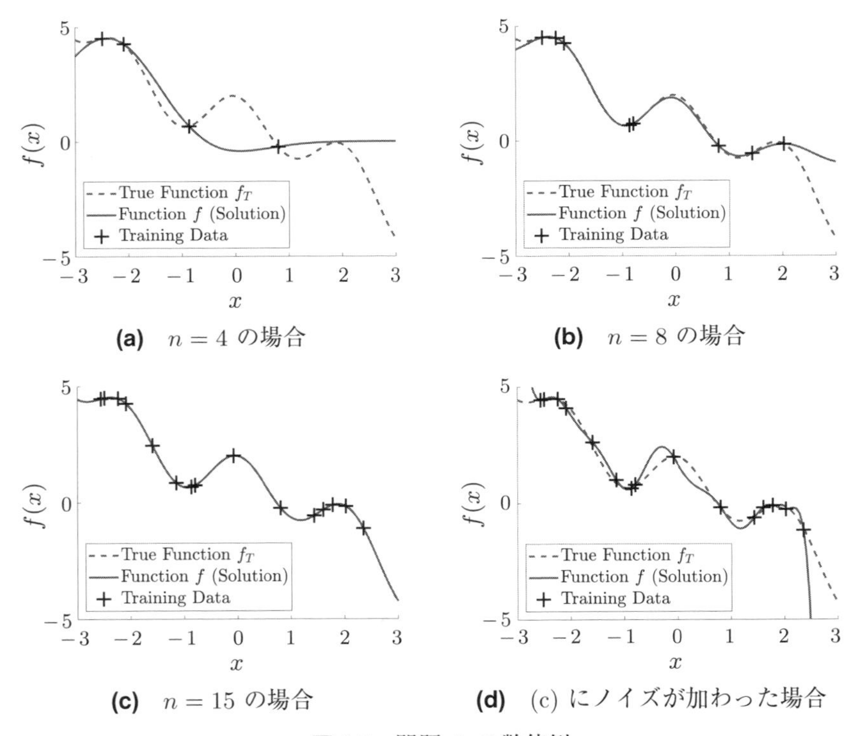

(a)　$n = 4$ の場合
(b)　$n = 8$ の場合
(c)　$n = 15$ の場合
(d)　(c) にノイズが加わった場合

図 4.5：問題 A の数値例

---

*8　付録の定理 B.1.1 を参照せよ．

$\widetilde{D}$, 実線が求めた解 $f(x)$ を表している．図 4.5 (a)〜(c) より，訓練データ数が増加するにつれて，真の関係式に近づくという意味で解の精度が良くなり，特に $n = 15$ の図 4.5(c) では十分に精度の良い解が得られていることが確認できるだろう．また，実際に評価関数

$$L(f) = \sum_{j=1}^{n} |f(x_j) - \lambda_j|^2$$

を計算すると，いずれの場合も $L(f) = 0$ となり，評価関数を最小化する意味ではどれも目的を達成している．これは，K の逆行列が存在することから明らかであろう．

ここまでは，$\lambda_j = f_T(x_j)$ をみたすデータが与えられる理想的な状況を考えた．一般に，これらのデータはセンサを用いて計測されるが，センサにはノイズの影響によって計測誤差が生じる．そこで，このノイズを ε_j と表記し，データが $\lambda_j = f_T(x_j) + \varepsilon_j$ で与えられるというより現実的な状況を考える．ただし，ノイズ ε_j は平均 0, 分散 0.01 のガウス分布 [*9] に従うものとする．この場合の結果を図 4.5(d) に示す．問題 A の回帰手法では，データに微小なノイズが加わっただけで解の精度が悪化していることが確認できるだろう．

問題 B の数値例

次に，問題 B を解くことにより真の関係式 $f_T(x)$ を推定してみよう．すなわち，カーネル関数として d 次の多項式 (4.2.3) を用いて問題 A の回帰手法を適用する．ここで用いる訓練データ $\widetilde{D}$ として，図 4.5 (c) で用いた 15 組の (x_j, λ_j) と同一のものを用いる．

次数が $d = 2, 5, 10$ と増加する場合に対して，求めた解

$$f(x) = \sum_{j=1}^{n} c_j k(x, x_j)$$

を**図 4.6** に示す．図 4.6 (a)〜(c) より，次数が増加するにつれて解の精度が良くなり，特に $d = 10$ の図 4.6 (c) では，訓練データが得られているおよそ

[*9] 第 5 章で解説する．

$[-2.56, 2.35]$ の範囲で十分に精度良く解が求まっていることが確認できるだろう．実際に，$d = 2, 5, 10$ に対して評価関数

$$L(p) = \sum_{j=1}^{n} |p(x_j) - \lambda_j|^2$$

を計算すると，それぞれ $L(p) \fallingdotseq 5.9, 4.2, 0.0$ となる [*10]．他方，図 4.5 (c) と図 4.6 (c) を比較すると，訓練データが十分に得られていない外挿部分に大きな違いが見られる．これはあくまで求めたい真の関係式 $f_T(x)$ とカーネル関数

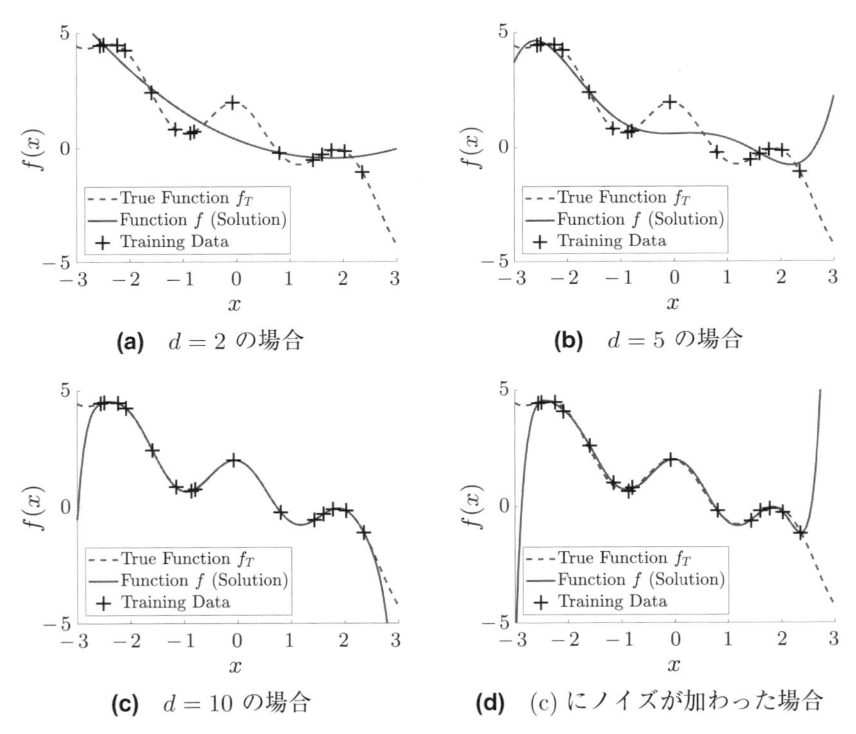

(a)　$d = 2$ の場合　**(b)**　$d = 5$ の場合

(c)　$d = 10$ の場合　**(d)**　(c) にノイズが加わった場合

図 4.6：問題 B の数値例

[*10] 今回の場合は，K の逆行列が存在するとは限らないため，$L(p)$ が常に 0 になるとは限らない．次数を増加させることで，$L(p)$ の最小化という意味で解の精度を向上させることができるが，次数を増加させることは関数 f を複雑にすることに繋がる．つまり，本書の冒頭で紹介したように過学習を引き起こすリスクがあることに注意が必要である．

との相性の問題であり，今回は多項式関数よりもガウスカーネルの方が相性が良かっただけである．図 4.5 (d) と同一のノイズが加わったときの結果も，図 4.6 (d) に示す．図 4.5 (d) と比較して，訓練データが十分に得られているおよそ $[-2.56, 2.35]$ の範囲では良好な解が得られているが，これもあくまで求めたい真の関係式やカーネル関数の選択に依存する．

以上，ここまでカーネル法の適用例として二つの回帰手法について紹介したが，回帰において，ノイズの影響を考慮していないことや，訓練データが十分に得られていない場合においても一意に解を与えることがしばしば問題となることがある．これに対して，次章では訓練データにノイズが加わることを陽に考慮し，また，データが十分に得られているかどうかやノイズの大きさに依存して求めた解の信頼度も与えるガウス過程回帰を紹介しよう．そこでは，ガウス過程回帰もやはりカーネル法の一種であることが明らかになる．

問題 $\widetilde{\mathrm{C}}$ の数値例

最後に，問題 $\widetilde{\mathrm{C}}$ の数値例も示しておこう．今，**図 4.7** (a) に示すように，(x, y)-平面上に $n = 40$ の訓練データ $D = \{(x_1, y_1), \ldots, (x_{40}, y_{40})\} = D_+ \cup D_-$,

$$D_+ = \{(x_j, y_j) \in D : \lambda_j = +1\}, \quad D_- = \{(x_j, y_j) \in D : \lambda_j = -1\}$$

が与えられているとしよう．これは，各データ $(x_j, y_j) \in D$ に対して符号

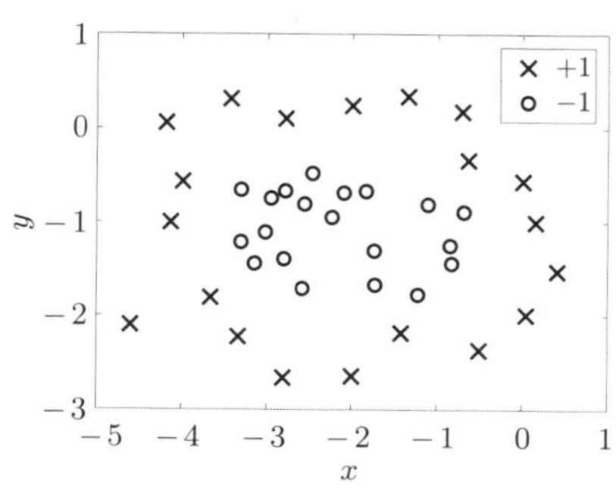

(a) データ集合 D_+（‘×’ 印）と D_-（‘○’ 印）

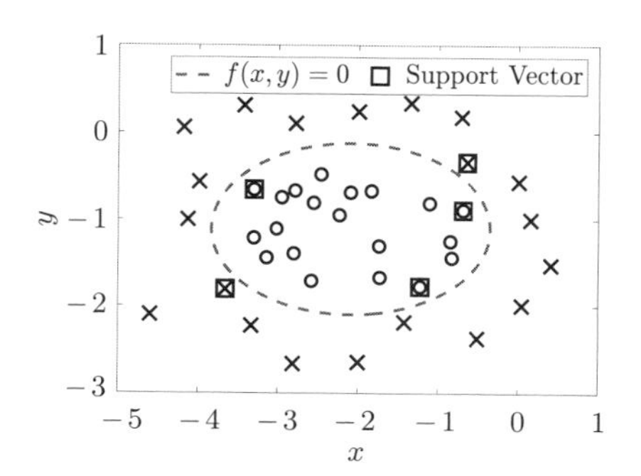

(b) 求めた曲線とサポートベクトル

図 4.7：問題 $\widetilde{\mathrm{C}}$ の数値例

$\lambda_j \in \{-1, +1\}$ がラベル付けされていることを意味しており，図中の '×' 印と '∘' 印はそれぞれ集合 D_+ と D_- 内のデータを表す．ここでの目的は，

$$D_+ \subset \{(x, y) \in \mathbb{R}^2 : f(x, y) > 0\}, \quad D_- \subset \{(x, y) \in \mathbb{R}^2 : f(x, y) < 0\}$$

をみたす関数 $f(x, y) = a + bx + cy + dx^2 + ey^2$ を見つけることである．

特徴写像 $\Phi(x, y)$ として (4.3.1) を用い，サポートベクトルマシンを利用して求めた曲線

$$f(x, y) = \sum_{j=1}^{40} c_j \Phi(x_j, y_j)^\top \Phi(x, y) = 0$$

を図 4.7 (b) に破線で示す．ここで利用したハードマージン法については，付録 D に簡単な解説がある．c_j は，条件 (D.0.4) の下で (D.0.5) を最小化する $\boldsymbol{c} = (c_1, \ldots, c_{40})^\top \in \mathbb{R}^{40}$ の各要素である．また，図中の '□' 印で囲まれたデータ点はサポートベクトルを表している．図 4.7 (b) より，2 種類のデータを適切に分類する関数 $f(x, y)$ が見つけられていることがわかるだろう．また，$f(x, y) = 0$ の形が楕円となるのは今回採用した特徴写像 (4.3.1) から明らかであろう．

第5章
カーネル法（発展編）

カーネル法は，統計学と融合することで応用の幅が格段に広がる．この章では，その基本的な理論を解説しよう．

5.1　1次元ガウス分布

関数 e^{-x^2} に慣れるために，まず次の例題から始めよう．

例題 5.1.1.　次を示せ．

(i) $\displaystyle\int_{-\infty}^{\infty} e^{-x^2}\,dx = \sqrt{\pi}$

(ii) $\displaystyle\int_{-\infty}^{\infty} xe^{-x^2}\,dx = 0$

(iii) $\displaystyle\int_{-\infty}^{\infty} x^2 e^{-x^2}\,dx = \frac{\sqrt{\pi}}{2}.$

解答

$$J = \int_{-\infty}^{\infty} e^{-x^2}\,dx$$

とおく．このとき，$J \geq 0$ であり，極座標変換を用いれば，J^2 を

$$\begin{aligned}
J^2 &= \left(\int_{-\infty}^{\infty} e^{-x^2}\,dx\right)\left(\int_{-\infty}^{\infty} e^{-y^2}\,dy\right) \\
&= \int_{-\infty}^{\infty}\int_{-\infty}^{\infty} e^{-x^2-y^2}\,dxdy \\
&= \int_0^{2\pi} d\theta \int_0^{\infty} e^{-r^2} r\,dr
\end{aligned}$$

$$= 2\pi \left[-\frac{1}{2} e^{-r^2} \right]_0^\infty$$
$$= \pi$$

と計算できる．よって，$J = \sqrt{\pi}$ を得る．(ii) は関数 $y = xe^{-x^2}$ が奇関数であることから導かれる．(iii) は部分積分法と (i) を用いて

$$\int_{-\infty}^{\infty} x^2 e^{-x^2}\, dx = \left[-\frac{1}{2} x e^{-x^2} \right]_{-\infty}^{\infty} - \int_{-\infty}^{\infty} \left(-\frac{1}{2} e^{-x^2} \right) dx = \frac{\sqrt{\pi}}{2}$$

と計算すればよい．□

実数 μ と正の実数 σ に対し，関数 $N(x;\mu,\sigma^2)$ を

$$N(x;\mu,\sigma^2) = \frac{1}{\sqrt{2\pi\sigma^2}} \exp\left(-\frac{1}{2\sigma^2}(x-\mu)^2 \right)$$

と定める．$N(x;\mu,\sigma^2)$ は1次元ガウス分布の確率密度関数とよばれ，確率論や統計学で最も基本的かつ重要な関数である（概形は**図 5.1** を参照）．

例題 5.1.2.　次を示せ．

(i) $\displaystyle\int_{-\infty}^{\infty} N(x;\mu,\sigma^2)\, dx = 1$

(ii) $\displaystyle\int_{-\infty}^{\infty} xN(x;\mu,\sigma^2)\, dx = \mu$

(iii) $\displaystyle\int_{-\infty}^{\infty} x^2 N(x;\mu,\sigma^2)\, dx = \sigma^2 + \mu^2.$

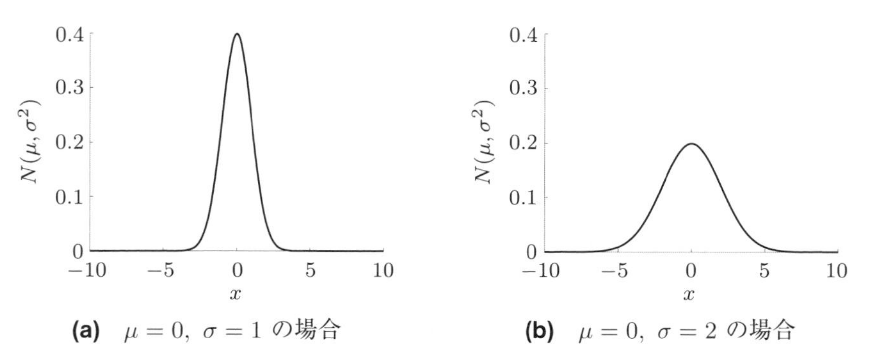

(a)　$\mu = 0,\ \sigma = 1$ の場合　　**(b)**　$\mu = 0,\ \sigma = 2$ の場合

図 5.1：1次元ガウス分布

解答 以下では，例題 5.1.1 の結果は断りなく使う．まず，変数変換 $s = x - \mu$ を考えれば，$\mathbb{R}$ 全体での積分は平行移動してもその値が変わらないので [*1]，

$$\int_{-\infty}^{\infty} (x-\mu)^n N(x;\mu,\sigma^2)\, dx = \int_{-\infty}^{\infty} x^n N(x;0,\sigma^2)\, dx \tag{5.1.1}$$

が成り立つことに注意しよう．さて，(i) は (5.1.1) と変数変換 $y = x/\sqrt{2\sigma^2}$ を用いれば，

$$\begin{aligned}\int_{-\infty}^{\infty} N(x;\mu,\sigma^2)\, dx &= \int_{-\infty}^{\infty} N(x;0,\sigma^2)\, dx \\ &= \frac{1}{\sqrt{2\pi\sigma^2}} \int_{-\infty}^{\infty} \exp\left(-\frac{1}{2\sigma^2}x^2\right) dx \\ &= \frac{1}{\sqrt{2\pi\sigma^2}} \int_{-\infty}^{\infty} \exp\left(-y^2\right) \sqrt{2\sigma^2}\, dy \\ &= 1\end{aligned}$$

と計算できる．(ii) は (5.1.1) と (i) を用いて

$$\begin{aligned}\int_{-\infty}^{\infty} xN(x;\mu,\sigma^2)\, dx &= \int_{-\infty}^{\infty} (x-\mu)N(x;\mu,\sigma^2)\, dx + \mu \int_{-\infty}^{\infty} N(x;\mu,\sigma^2)\, dx \\ &= \int_{-\infty}^{\infty} xN(x;0,\sigma^2)\, dx + \mu \\ &= \mu\end{aligned}$$

と計算すればよい．(iii) は (5.1.1)，(i)，(ii) と変数変換 $y = x/\sqrt{2\sigma^2}$ を用いれば，

$$\begin{aligned}&\int_{-\infty}^{\infty} x^2 N(x;\mu,\sigma^2)\, dx \\ &= \int_{-\infty}^{\infty} (x-\mu)^2 N(x;\mu,\sigma^2)\, dx \\ &\quad + 2\mu \int_{-\infty}^{\infty} xN(x;\mu,\sigma^2)\, dx - \mu^2 \int_{-\infty}^{\infty} N(x;\mu,\sigma^2)\, dx \\ &= \int_{-\infty}^{\infty} x^2 N(x;0,\sigma^2)\, dx + 2\mu^2 - \mu^2\end{aligned}$$

[*1] この性質を積分の**平行移動不変性**という．

$$
\begin{aligned}
&= \frac{1}{\sqrt{2\pi\sigma^2}} \int_{-\infty}^{\infty} x^2 \exp\left(-\frac{1}{2\sigma^2}x^2\right) dx + \mu^2 \\
&= \frac{1}{\sqrt{2\pi\sigma^2}} \int_{-\infty}^{\infty} 2\sigma^2 y^2 \exp\left(-y^2\right) \sqrt{2\sigma^2}\ dy + \mu^2 \\
&= \sigma^2 + \mu^2
\end{aligned}
$$

と計算できる． □

平均と分散

確率論や統計学ではランダムな現象を確率変数という言葉により記述する．特に，確率変数 X の値が $[a, b]$ に入る確率を $P(a \leq X \leq b)$ と表す．確率論の用語については付録 C に簡単な解説がある．

さて，確率変数 X に対し，

$$
P(a \leq X \leq b) = \int_a^b N(x; \mu, \sigma^2)\ dx
$$

を仮定するとき，X は平均 μ, 分散 σ^2 のガウス分布に従うといい，これを簡便に

$$
X \sim N(\mu, \sigma^2)
$$

と表す．さらにこのとき，X の平均 $E[X]$ と分散 $V[X]$ を

$$
\begin{aligned}
E[X] &= \int_{-\infty}^{\infty} x N(x; \mu, \sigma^2)\ dx \\
V[X] &= E[(X - E[X])^2] \\
&= \int_{-\infty}^{\infty} (x - E[X])^2 N(x; \mu, \sigma^2)\ dx
\end{aligned}
$$

と定める．分散は X の分布の平均との離れ具合を表す一つの指標である．例題 5.1.2 により，$E[X] = \mu$ である．$V[X]$ に関しても，やはり例題 5.1.2 により，

$$
V[X] = \int_{-\infty}^{\infty} (x - E[X])^2 N(x; \mu, \sigma^2)\ dx
$$

$$
\begin{aligned}
&= \int_{-\infty}^{\infty} (x-\mu)^2 N(x;\mu,\sigma^2)\ dx \\
&= \int_{-\infty}^{\infty} x^2 N(x;\mu,\sigma^2)\ dx - 2\mu \int_{-\infty}^{\infty} xN(x;\mu,\sigma^2)\ dx \\
&\quad + \mu^2 \int_{-\infty}^{\infty} N(x;\mu,\sigma^2)\ dx \\
&= \sigma^2 + \mu^2 - 2\mu^2 + \mu^2 \\
&= \sigma^2
\end{aligned}
$$

と計算される．このように，$N(\mu,\sigma^2)$ に従う確率変数 X の平均と分散は二つのパラメータ μ, σ^2 と一致する．

確率変数の和

X_1, X_2 をそれぞれ $N(0,\sigma_1^2)$, $N(0,\sigma_2^2)$ に従う確率変数とする．このとき，$X_1 \in [a,b]$ かつ $X_2 \in [c,d]$ となる確率を $P((X_1,X_2) \in [a,b] \times [c,d])$ と表す．任意の区間 $[a,b]$, $[c,d]$ に対し，

$$
P((X_1,X_2) \in [a,b] \times [c,d]) = P(X_1 \in [a,b])P(X_2 \in [c,d])
$$

が成り立つとき X_1 と X_2 は独立であるという．X_1 と X_2 が独立であるとき，

$$
\begin{aligned}
&\iint_{[a,b]\times[c,d]} N(x_1;0,\sigma_1^2)N(x_2;0,\sigma_2^2)\ dx_1 dx_2 \\
&= \left(\int_a^b N(x_1;0,\sigma_1^2)\ dx_1\right)\left(\int_c^d N(x_2;0,\sigma_2^2)\ dx_2\right) \\
&= P(a \leq X_1 \leq b)P(c \leq X_2 \leq d) \\
&= P((X_1,X_2) \in [a,b] \times [c,d])
\end{aligned}
$$

が成り立つことに注意しよう．より一般に，X_1 と X_2 が独立であるとき，

$$
P((X_1,X_2) \in S) = \iint_S N(x_1;0,\sigma_1^2)N(x_2;0,\sigma_2^2)\ dx_1 dx_2
$$

が成り立つことが知られている．すなわち，(X_1,X_2) が S に入る確率は S 上で $N(x_1;0,\sigma_1^2)N(x_2;0,\sigma_2^2)$ を積分すれば得られる．特に，X_1 と X_2 が独立であるとき，X_1+X_2 が $[a,b]$ に入る確率 $P(a \leq X_1+X_2 \leq b)$ は，

$$
\begin{aligned}
&P(a \leq X_1 + X_2 \leq b) \\
&= P((X_1, X_2) \in \{(x_1, x_2) : a \leq x_1 + x_2 \leq b\}) \\
&= \iint_{\{(x_1,x_2):a \leq x_1+x_2 \leq b\}} N(x_1; 0, \sigma_1^2) N(x_2; 0, \sigma_2^2)\, dx_1 dx_2
\end{aligned}
$$

と表される．このとき，変数変換 $x_2 = y - x_1$ と積分の順序交換を考えれば，

$$
\begin{aligned}
&P(a \leq X_1 + X_2 \leq b) \\
&= \iint_{\{(x_1,x_2):a \leq x_1+x_2 \leq b\}} N(x_1; 0, \sigma_1^2) N(x_2; 0, \sigma_2^2)\, dx_1 dx_2 \\
&= \int_{-\infty}^{\infty} N(x_1; 0, \sigma_1^2) \left(\int_{a-x_1}^{b-x_1} N(x_2; 0, \sigma_2^2)\, dx_2 \right) dx_1 \\
&= \int_{-\infty}^{\infty} N(x_1; 0, \sigma_1^2) \left(\int_{a}^{b} N(y - x_1; 0, \sigma_2^2)\, dy \right) dx_1 \\
&= \int_{a}^{b} \left(\int_{-\infty}^{\infty} N(x_1; 0, \sigma_1^2) N(y - x_1; 0, \sigma_2^2)\, dx_1 \right) dy
\end{aligned}
$$

を得る．最後に出てきた x_1 に関する積分

$$
\int_{-\infty}^{\infty} N(x_1; 0, \sigma_1^2) N(y - x_1; 0, \sigma_2^2)\, dx_1
$$

は再びガウス分布の確率密度関数である．実際，

$$
\begin{aligned}
&\int_{-\infty}^{\infty} N(x_1; 0, \sigma_1^2) N(y - x_1; 0, \sigma_2^2)\, dx_1 \\
&= \frac{1}{2\pi\sigma_1\sigma_2} \int_{-\infty}^{\infty} \exp\left(-\frac{x_1^2}{2\sigma_1^2} - \frac{(y - x_1)^2}{2\sigma_2^2} \right) dx_1 \\
&= \frac{1}{2\pi\sigma_1\sigma_2} \int_{-\infty}^{\infty} \exp\left(-\frac{\sigma_2^2 x_1^2 + \sigma_1^2 (y - x_1)^2}{2\sigma_1^2\sigma_2^2} \right) dx_1 \\
&= \frac{1}{2\pi\sigma_1\sigma_2} \int_{-\infty}^{\infty} \exp\left(-\frac{(\sigma_1^2 + \sigma_2^2) x_1^2 - 2\sigma_1^2 x_1 y + \sigma_1^2 y^2}{2\sigma_1^2\sigma_2^2} \right) dx_1 \qquad (5.1.2) \\
&= \frac{1}{2\pi\sigma_1\sigma_2} \int_{-\infty}^{\infty} \exp\left(-\frac{\sigma_1^2 + \sigma_2^2}{2\sigma_1^2\sigma_2^2} \left(x_1 - \frac{\sigma_1^2}{\sigma_1^2 + \sigma_2^2} y \right)^2 - \frac{y^2}{2(\sigma_1^2 + \sigma_2^2)} \right) dx_1 \\
&\qquad (5.1.3)
\end{aligned}
$$

$$= \frac{1}{2\pi\sigma_1\sigma_2} \int_{-\infty}^{\infty} \exp\left(-\frac{\sigma_1^2+\sigma_2^2}{2\sigma_1^2\sigma_2^2}x_1^2\right)\, dx_1 \exp\left(-\frac{y^2}{2(\sigma_1^2+\sigma_2^2)}\right) \tag{5.1.4}$$

$$= \frac{1}{2\pi\sigma_1\sigma_2} \sqrt{\frac{2\pi\sigma_1^2\sigma_2^2}{\sigma_1^2+\sigma_2^2}} \exp\left(-\frac{y^2}{2(\sigma_1^2+\sigma_2^2)}\right) \tag{5.1.5}$$

$$= \frac{1}{\sqrt{2\pi(\sigma_1^2+\sigma_2^2)}} \exp\left(-\frac{y^2}{2(\sigma_1^2+\sigma_2^2)}\right)$$

が成り立つ．ここで，(5.1.2) から (5.1.3) では平方完成を考えた．(5.1.3) から (5.1.4) では積分の平行移動不変性を用いた．(5.1.4) から (5.1.5) では例題 5.1.1 の (i) を用いた．

以上のことから，X_1 と X_2 が独立であるという仮定の下，

$$X_j \sim N(0, \sigma_j^2) \quad (j = 1, 2)$$

のとき，

$$X_1 + X_2 \sim N(0, \sigma_1^2 + \sigma_2^2)$$

が成り立つことがわかった．より一般に，

$$X_j \sim N(\mu_j, \sigma_j^2) \quad (j = 1, 2)$$

のときは $Y_j = X_j - \mu_j$ を考えれば，Y_j は平均が 0，分散が σ_j^2 であるので，これまでの議論が適用できて，

$$\begin{aligned} P(a \le X_1 + X_2 \le b) &= P(a - \mu_1 - \mu_2 \le Y_1 + Y_2 \le b - \mu_1 - \mu_2) \\ &= \int_{a-\mu_1-\mu_2}^{b-\mu_1-\mu_2} \frac{1}{\sqrt{2\pi(\sigma_1^2+\sigma_2^2)}} \exp\left(-\frac{y^2}{2(\sigma_1^2+\sigma_2^2)}\right) dy \\ &= \int_a^b \frac{1}{\sqrt{2\pi(\sigma_1^2+\sigma_2^2)}} \exp\left(-\frac{(x-\mu_1-\mu_2)^2}{2(\sigma_1^2+\sigma_2^2)}\right) dx \end{aligned}$$

が成り立つ．従って，

$$X_1 + X_2 \sim N(\mu_1 + \mu_2, \sigma_1^2 + \sigma_2^2)$$

を得る．

5.2　多次元ガウス分布

n を 2 以上の整数とする．$\mathbb{R}^n$ のベクトル $\boldsymbol{\mu}$ と n 次の正定値行列 Σ に対し，$\mathbb{R}^n$ 上の関数 $N(\boldsymbol{x};\boldsymbol{\mu},\Sigma)$ を

$$N(\boldsymbol{x};\boldsymbol{\mu},\Sigma) = \frac{1}{(2\pi)^{n/2}(\det\Sigma)^{1/2}}\exp\left(-\frac{1}{2}\langle\Sigma^{-1}(\boldsymbol{x}-\boldsymbol{\mu}),\boldsymbol{x}-\boldsymbol{\mu}\rangle\right) \quad (\boldsymbol{x}\in\mathbb{R}^n)$$

と定める．今，Σ は固有値 0 をもたないため，$\det\Sigma \neq 0$ であり，Σ^{-1} が存在することに注意しよう．$N(\boldsymbol{x};\boldsymbol{\mu},\Sigma)$ は n 次元ガウス分布の確率密度関数とよばれる．例として，2 次元ガウス分布の概形を**図 5.2** に示す．以下，$\boldsymbol{x} = (x_1,\ldots,x_n)^\top$，$d\boldsymbol{x} = dx_1\cdots dx_n$ と略記し，

$$\int_{\mathbb{R}^n} N(\boldsymbol{x};\boldsymbol{\mu},\Sigma)\,d\boldsymbol{x} = 1$$

を示そう．Σ の固有値を $\lambda_1,\ldots,\lambda_n$ とし，直交行列 U による Σ の対角化を

$$D = \begin{pmatrix} \lambda_1 & & 0 \\ & \ddots & \\ 0 & & \lambda_n \end{pmatrix} = U^\top\Sigma U$$

と表す．まず，$\Sigma^{-1} = UD^{-1}U^\top$ であるから，

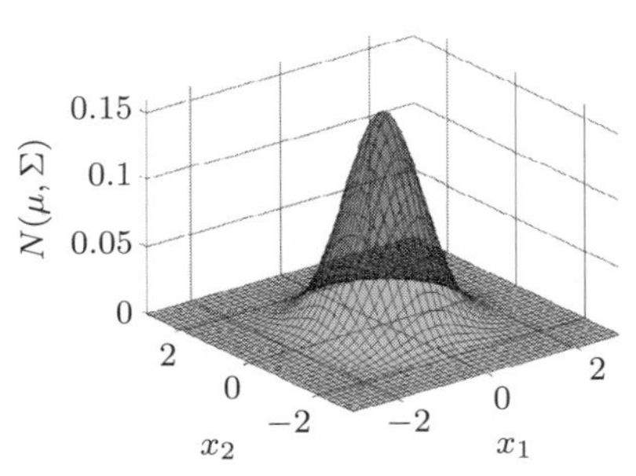

(a)　$\boldsymbol{\mu} = (0,0)^\top$，$\Sigma = I$ の場合

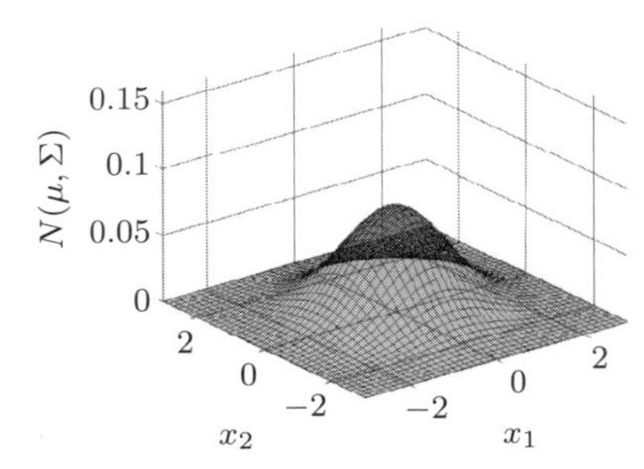

(b)　$\boldsymbol{\mu} = (0,0)^\top$，$\Sigma = 2I$ の場合

図 5.2：2 次元ガウス分布

$$\begin{aligned}
&\int_{\mathbb{R}^n} N(\boldsymbol{x};\boldsymbol{\mu},\Sigma)\,d\boldsymbol{x}\\
&= \frac{1}{(2\pi)^{n/2}(\det\Sigma)^{1/2}}\int_{\mathbb{R}^n}\exp\left(-\frac{1}{2}\langle\Sigma^{-1}(\boldsymbol{x}-\boldsymbol{\mu}),\boldsymbol{x}-\boldsymbol{\mu}\rangle\right)d\boldsymbol{x}\\
&= \frac{1}{(2\pi)^{n/2}(\det\Sigma)^{1/2}}\int_{\mathbb{R}^n}\exp\left(-\frac{1}{2}\langle UD^{-1}U^\top(\boldsymbol{x}-\boldsymbol{\mu}),\boldsymbol{x}-\boldsymbol{\mu}\rangle\right)d\boldsymbol{x}\\
&= \frac{1}{(2\pi)^{n/2}(\det\Sigma)^{1/2}}\int_{\mathbb{R}^n}\exp\left(-\frac{1}{2}\langle D^{-1}U^\top(\boldsymbol{x}-\boldsymbol{\mu}),U^\top(\boldsymbol{x}-\boldsymbol{\mu})\rangle\right)d\boldsymbol{x}
\end{aligned}$$

となる．ここで，変数変換 $U^\top(\boldsymbol{x}-\boldsymbol{\mu})=\boldsymbol{y}$ を考えよう．$U^\top=U^{-1}$ に注意すれば，

$$\frac{\partial x_i}{\partial y_j}=u_{ij}\quad (u_{ij}\text{ は }U\text{ の }i,j\text{ 成分})$$

を得る．よって，この変換のヤコビ行列式を J_U とすれば，$J_U=\det U$ である．特に，U は直交行列であるから，$|J_U|=1$ である．従って，

$$\begin{aligned}
\int_{\mathbb{R}^n} N(\boldsymbol{x};\boldsymbol{\mu},\Sigma)\,d\boldsymbol{x} &= \frac{1}{(2\pi)^{n/2}(\det\Sigma)^{1/2}}\int_{\mathbb{R}^n}\exp\left(-\frac{1}{2}\langle D^{-1}\boldsymbol{y},\boldsymbol{y}\rangle\right)|J_U|\,d\boldsymbol{y}\\
&= \frac{1}{(2\pi)^{n/2}(\lambda_1\cdots\lambda_n)^{1/2}}\int_{\mathbb{R}^n}\exp\left(-\frac{1}{2}\sum_{j=1}^n\frac{y_j^2}{\lambda_j}\right)dy_1\cdots dy_n\\
&= \prod_{j=1}^n\frac{1}{\sqrt{2\pi\lambda_j}}\int_{\mathbb{R}}\exp\left(-\frac{y_j^2}{2\lambda_j}\right)dy_j\\
&= 1
\end{aligned}$$

が成り立つ．

独立な確率変数 $X_1,\ldots,X_n$ に対し，$X=(X_1,\ldots,X_n)^\top$ とおき，これを**確率ベクトル**とよぶことにしよう．これまでと同様に，

$$P(X\in B)=\int_B N(\boldsymbol{x};\boldsymbol{\mu},\Sigma)\,d\boldsymbol{x}\quad (B\subset\mathbb{R}^n)$$

を仮定するとき，X は多次元ガウス分布 $N(\boldsymbol{\mu},\Sigma)$ に従うといい，

$$X\sim N(\boldsymbol{\mu},\Sigma)$$

と表す．多次元ガウス分布は 1 次元ガウス分布を考えていても自然に現れる対

象である．例えば，n 個の独立な確率変数 $X_1, \ldots, X_n$ に対し，その線形結合

$$Y_i = \varphi_{i1} X_1 + \cdots + \varphi_{in} X_n \quad (\varphi_{ij} \in \mathbb{R},\ i, j = 1, \ldots, n)$$

を考えよう．これは行列を用いれば，

$$\begin{pmatrix} Y_1 \\ \vdots \\ Y_n \end{pmatrix} = \begin{pmatrix} \varphi_{11} & \cdots & \varphi_{1n} \\ \vdots & \ddots & \vdots \\ \varphi_{n1} & \cdots & \varphi_{nn} \end{pmatrix} \begin{pmatrix} X_1 \\ \vdots \\ X_n \end{pmatrix}$$

と表される．同じことであるが，$X = (X_1, \ldots, X_n)^\top$, $Y = (Y_1, \ldots, Y_n)^\top$, $\Phi = (\varphi_{ij})$ とおけば，$Y = \Phi X$ と表される．この設定の下，$\alpha > 0$ として，

$$X_j \sim N(0, \alpha^{-1}) \quad (j = 1, \ldots, n)$$

を仮定しよう．このとき，Φ が可逆であれば Y は多次元ガウス分布に従う．実際，

$$\begin{aligned} P(Y \in B) &= P(\Phi X \in B) \\ &= P(X \in \Phi^{-1}(B)) \\ &= \int_{\Phi^{-1}(B)} \prod_{j=1}^{n} N(x_j; 0, \alpha^{-1})\ dx_1 \cdots dx_n \\ &= \frac{\alpha^{n/2}}{(2\pi)^{n/2}} \int_{\Phi^{-1}(B)} \exp\left(-\frac{1}{2}\langle \alpha \boldsymbol{x}, \boldsymbol{x} \rangle\right) d\boldsymbol{x} \\ &= \frac{\alpha^{n/2}}{(2\pi)^{n/2}} \int_B \exp\left(-\frac{1}{2}\langle \alpha \Phi^{-1} \boldsymbol{y}, \Phi^{-1} \boldsymbol{y} \rangle\right) |\det \Phi^{-1}|\ d\boldsymbol{y} \end{aligned}$$

が成り立つ．今，行列式の基本的な性質により，

$$\det \Phi\Phi^\top = (\det \Phi)(\det \Phi^\top) = (\det \Phi)^2, \quad \det \Phi^{-1} = \frac{1}{\det \Phi}$$

が成り立つことに注意しよう．よって，

$$P(Y \in B) = \frac{1}{(2\pi)^{n/2} (\det \alpha^{-1} \Phi\Phi^\top)^{1/2}} \int_B \exp\left(-\frac{1}{2}\langle (\alpha^{-1}\Phi\Phi^\top)^{-1} \boldsymbol{y}, \boldsymbol{y} \rangle\right) d\boldsymbol{y}$$

が成り立つ．すなわち，

$$Y \sim N(\mathbf{0}, \alpha^{-1}\Phi\Phi^\top)$$

が得られる．

平均ベクトル

これから，$N(\boldsymbol{x};\boldsymbol{\mu},\Sigma)$ を確率密度関数とする多次元ガウス分布に従う確率ベクトルを考える．それを $\boldsymbol{x}$ と表そう．すなわち，$\boldsymbol{x}$ は確率変数を成分とするベクトルである．これまで確率ベクトルを $X=(X_1,\dots,X_n)^\top$，通常の変数を $\boldsymbol{x}$ と表したが，誤解のおそれがない限り，確率ベクトルも変数 $\boldsymbol{x}$ と同じ記号で表す．さて，$\boldsymbol{x}=(x_1,\dots,x_n)^\top$ とし，$d\boldsymbol{x}=dx_1\cdots dx_n$ と略記するとき，

$$E[\boldsymbol{x}]=\int_{\mathbb{R}^n}N(\boldsymbol{x};\boldsymbol{\mu},\Sigma)\boldsymbol{x}\;d\boldsymbol{x}=\begin{pmatrix}\displaystyle\int_{\mathbb{R}^n}x_1N(\boldsymbol{x};\boldsymbol{\mu},\Sigma)\;d\boldsymbol{x}\\ \vdots\\ \displaystyle\int_{\mathbb{R}^n}x_nN(\boldsymbol{x};\boldsymbol{\mu},\Sigma)\;d\boldsymbol{x}\end{pmatrix}$$

と定める．[ ] の中の $\boldsymbol{x}$ は確率ベクトルであり，積分の中の $\boldsymbol{x}$ は通常の変数であることに注意しよう．特に，$E[\boldsymbol{x}]$ はベクトルであり，**平均ベクトル**とよばれる．

例題 5.2.1. $E[\boldsymbol{x}]=\boldsymbol{\mu}$ を示せ．

解答 $\boldsymbol{\mu}=(\mu_1,\dots,\mu_n)^\top$ のとき，

$$\int_{\mathbb{R}^n}x_jN(\boldsymbol{x};\boldsymbol{\mu},\Sigma)\;d\boldsymbol{x}=\mu_j\quad(j=1,\dots,n)$$

を示せばよい．$\boldsymbol{y}=(y_1,\dots,y_n)^\top$ とし，変数変換 $\boldsymbol{x}-\boldsymbol{\mu}=\boldsymbol{y}$ を考えれば，

$$\begin{aligned}&\int_{\mathbb{R}^n}x_jN(\boldsymbol{x};\boldsymbol{\mu},\Sigma)\;d\boldsymbol{x}\\&=\frac{1}{(2\pi)^{n/2}(\det\Sigma)^{1/2}}\int_{\mathbb{R}^n}x_j\exp\left(-\frac{1}{2}\langle\Sigma^{-1}(\boldsymbol{x}-\boldsymbol{\mu}),\boldsymbol{x}-\boldsymbol{\mu}\rangle\right)d\boldsymbol{x}\\&=\frac{1}{(2\pi)^{n/2}(\det\Sigma)^{1/2}}\int_{\mathbb{R}^n}(y_j+\mu_j)\exp\left(-\frac{1}{2}\langle\Sigma^{-1}\boldsymbol{y},\boldsymbol{y}\rangle\right)d\boldsymbol{y}\end{aligned}$$

を得る．ここで最後の積分を二つに分けて，

$$\begin{aligned}J_1&=\frac{1}{(2\pi)^{n/2}(\det\Sigma)^{1/2}}\int_{\mathbb{R}^n}y_j\exp\left(-\frac{1}{2}\langle\Sigma^{-1}\boldsymbol{y},\boldsymbol{y}\rangle\right)d\boldsymbol{y}\\J_2&=\frac{\mu_j}{(2\pi)^{n/2}(\det\Sigma)^{1/2}}\int_{\mathbb{R}^n}\exp\left(-\frac{1}{2}\langle\Sigma^{-1}\boldsymbol{y},\boldsymbol{y}\rangle\right)d\boldsymbol{y}\end{aligned}$$

とおこう．まず，$J_2 = \mu_j$ は明らかであろう．次に，$y_j \exp\left(-\frac{1}{2}\langle \Sigma^{-1}\boldsymbol{y}, \boldsymbol{y}\rangle\right)$ は $\boldsymbol{y}$ に関して奇関数であるから，$J_1 = 0$ である [*2]．よって，$E[\boldsymbol{x}] = \boldsymbol{\mu}$ を得る．　□

共分散行列

$\boldsymbol{x}$ を $N(\boldsymbol{\mu}, \Sigma)$ に従う確率ベクトルとして，

$$
\begin{aligned}
V[\boldsymbol{x}] &= E[(\boldsymbol{x} - E[\boldsymbol{x}])(\boldsymbol{x} - E[\boldsymbol{x}])^\top] \\
&= \int_{\mathbb{R}^n} N(\boldsymbol{x}; \boldsymbol{\mu}, \Sigma)(\boldsymbol{x} - E[\boldsymbol{x}])(\boldsymbol{x} - E[\boldsymbol{x}])^\top d\boldsymbol{x}
\end{aligned}
$$

と定めよう．$(\boldsymbol{x} - E[\boldsymbol{x}])(\boldsymbol{x} - E[\boldsymbol{x}])^\top$ は行列であるから $V[\boldsymbol{x}]$ も行列であり，**共分散行列**とよばれる．特に，$V[\boldsymbol{x}] = \Sigma$ となることが知られている．本書ではこの事実を使うことはないので詳細は省略するが，重要なことは，$N(\boldsymbol{\mu}, \Sigma)$ に従う確率ベクトルの平均ベクトルと共分散行列は二つのパラメータ $\boldsymbol{\mu}, \Sigma$ と一致するということである．

5.3　ガウス過程回帰とカーネル法

ここでは，**ガウス過程回帰**とよばれる機械学習の手法がカーネル法の一種であることを示す．次のような状況を考えよう．ある装置にデータ $\boldsymbol{x} = (x_1, \ldots, x_n)^\top$ を入力したとき，$\widehat{\boldsymbol{z}}$ を観測したとする．今，この観測には誤差が含まれていることを考慮して，$\widehat{\boldsymbol{z}}$ を

$$
\boldsymbol{z} = \boldsymbol{y} + \boldsymbol{\varepsilon}
$$

の形の関数で推定したい．ここで，$\boldsymbol{y} = \boldsymbol{y}(\boldsymbol{x})$ は $\boldsymbol{x}$ を変数とする関数であり，$\boldsymbol{\varepsilon}$ は $N(\boldsymbol{0}, \beta^{-1}I)$ に従う誤差（ノイズ）ベクトルである．ただし，$\beta > 0$ とする．数学に乗せるためには，この設定はあいまいであるが，細かいことは気にせず，次のような問題を考えたい．

[*2] まずは，$n = 2, 3$ の場合を考えてみよう．

問題 D

新たなデータ $\boldsymbol{x}_*$ が与えられたとき，対応する出力 $\boldsymbol{z}(\boldsymbol{x}_*)$ を予測せよ．特に，$\widehat{\boldsymbol{z}}$ を観測した後の $\boldsymbol{z}(\boldsymbol{x}_*)$ に関する条件付き確率分布を求めよ．

第 3 章で扱った問題 A, B, C と比較して，問題 D は関数 f ではなく確率分布の予測を行うことに注意しよう．これにより，予測結果として平均情報のみではなく分散情報も含めたリッチな情報が得られる．しかし，問題 D はこのままでは $\boldsymbol{y}$ に関する事前情報がないため一般に解くことが難しい．そこで，$\boldsymbol{y}$ の同時分布がガウス過程に従うと仮定したものがガウス過程回帰である．ガウス過程回帰について述べる前に，少々準備を必要とする．

準備

ここでは，カーネルトリックをもとに，$\mathbb{R}^n$ の中を多次元ガウス分布に従って動く確率ベクトルを構成する．まず，与えられたデータ $x_1, \ldots, x_n$ を再生核ヒルベルト空間 $\mathcal{H}_k$ の再生核 $k_{x_1}, \ldots, k_{x_n}$ に変換しよう．次に，$\{k_{x_1}, \ldots, k_{x_n}\}$ で張られる $\mathcal{H}_k$ の有限次元部分空間 $\mathcal{M} = \mathcal{M}(k_{x_1}, \ldots, k_{x_n})$ を考える．一般に $\mathcal{H}_k$ は無限次元であるが，カーネル法の観点からは $\mathcal{H}_k$ 全体を考える必要がない．これからの議論では，$\{k_{x_1}, \ldots, k_{x_n}\}$ が線形独立であることを仮定する．このとき，グラム・シュミットの直交化法により，$\{k_{x_1}, \ldots, k_{x_n}\}$ から $\mathcal{M}$ の正規直交基底 $\{\varphi_1, \ldots, \varphi_n\}$ を構成できる．この $\varphi_1, \ldots, \varphi_n$ を具体的に求める必要はない．必要なのはカーネル関数に関する恒等式

$$k(x_i, x_j) = \sum_{\ell=1}^{n} \varphi_\ell(x_i)\varphi_\ell(x_j) \quad (i, j = 1, \ldots, n) \tag{5.3.1}$$

である．この恒等式は，正規直交基底の性質と再生核等式により，

$$\begin{aligned}
k(x_i, x_j) &= \langle k_{x_j}, k_{x_i} \rangle_{\mathcal{H}_k} \\
&= \left\langle \sum_{\ell=1}^{n} \langle k_{x_j}, \varphi_\ell \rangle_{\mathcal{H}_k} \varphi_\ell, \sum_{\ell'=1}^{n} \langle k_{x_i}, \varphi_{\ell'} \rangle_{\mathcal{H}_k} \varphi_{\ell'} \right\rangle_{\mathcal{H}_k} \\
&= \sum_{\ell, \ell'=1}^{n} \langle k_{x_j}, \varphi_\ell \rangle_{\mathcal{H}_k} \langle k_{x_i}, \varphi_{\ell'} \rangle_{\mathcal{H}_k} \langle \varphi_\ell, \varphi_{\ell'} \rangle_{\mathcal{H}_k}
\end{aligned}$$

$$= \sum_{\ell=1}^{n} \langle k_{x_j}, \varphi_\ell \rangle_{\mathcal{H}_k} \langle k_{x_i}, \varphi_\ell \rangle_{\mathcal{H}_k}$$
$$= \sum_{\ell=1}^{n} \varphi_\ell(x_i)\varphi_\ell(x_j)$$

と導かれる．また，I を単位行列，$\alpha > 0$ とし，

$$\boldsymbol{w} = (w_1, \ldots, w_n)^\top \sim N(\boldsymbol{0}, \alpha^{-1} I)$$

を仮定する．すなわち，$B \subset \mathbb{R}^n$ のとき，$\boldsymbol{w}$ が B に入る確率 $P(\boldsymbol{w} \in B)$ は

$$P(\boldsymbol{w} \in B) = \int_B N(\boldsymbol{w}; \boldsymbol{0}, \alpha^{-1} I)\, d\boldsymbol{w}$$

と表されると仮定する．ここで，$\boldsymbol{x} = (x_1, \ldots, x_n)^\top$ とおき，

$$y(\boldsymbol{w}, x_i) = \sum_{j=1}^{n} \varphi_j(x_i) w_j, \quad \boldsymbol{y}(\boldsymbol{w}, \boldsymbol{x}) = \begin{pmatrix} y(\boldsymbol{w}, x_1) \\ \vdots \\ y(\boldsymbol{w}, x_n) \end{pmatrix}$$

と定めよう．$\boldsymbol{y}(\boldsymbol{w}, \boldsymbol{x}) = (y(\boldsymbol{w}, x_1), \ldots, y(\boldsymbol{w}, x_n))^\top$ は，行列

$$\Phi = \Phi(\boldsymbol{x}) = \begin{pmatrix} \varphi_1(x_1) & \cdots & \varphi_n(x_1) \\ \vdots & \ddots & \vdots \\ \varphi_1(x_n) & \cdots & \varphi_n(x_n) \end{pmatrix}$$

を用いれば，

$$\boldsymbol{y}(\boldsymbol{w}, \boldsymbol{x}) = \begin{pmatrix} \varphi_1(x_1) & \cdots & \varphi_n(x_1) \\ \vdots & \ddots & \vdots \\ \varphi_1(x_n) & \cdots & \varphi_n(x_n) \end{pmatrix} \begin{pmatrix} w_1 \\ \vdots \\ w_n \end{pmatrix} = \Phi \boldsymbol{w}$$

と表される．また，(5.3.1) から

$$\Phi\Phi^\top = \begin{pmatrix} \varphi_1(x_1) & \cdots & \varphi_n(x_1) \\ \vdots & \ddots & \vdots \\ \varphi_1(x_n) & \cdots & \varphi_n(x_n) \end{pmatrix} \begin{pmatrix} \varphi_1(x_1) & \cdots & \varphi_1(x_n) \\ \vdots & \ddots & \vdots \\ \varphi_n(x_1) & \cdots & \varphi_n(x_n) \end{pmatrix}$$

$$
= \begin{pmatrix} k(x_1, x_1) & \cdots & k(x_1, x_n) \\ \vdots & \ddots & \vdots \\ k(x_n, x_1) & \cdots & k(x_n, x_n) \end{pmatrix}
$$

となる．さらに，今，$\{k_{x_1}, \ldots, k_{x_n}\}$ は線形独立と仮定していたので，命題 4.1.10 により，

$$
K = K(\boldsymbol{x}) = \begin{pmatrix} k(x_1, x_1) & \cdots & k(x_1, x_n) \\ \vdots & \ddots & \vdots \\ k(x_n, x_1) & \cdots & k(x_n, x_n) \end{pmatrix}
$$

は可逆である．よって，Φ も可逆である．従って，5.2 節で示したように，

$$
\boldsymbol{y}(\boldsymbol{w}, \boldsymbol{x}) = \begin{pmatrix} y(\boldsymbol{w}, x_1) \\ \vdots \\ y(\boldsymbol{w}, x_n) \end{pmatrix} \sim N(\boldsymbol{0}, \alpha^{-1} K)
$$

が成り立つ．このようにして，カーネルトリックをもとに，$\mathbb{R}^n$ の中を多次元ガウス分布 $N(\boldsymbol{0}, \alpha^{-1}K)$ に従って動く確率ベクトルが得られた．

ガウス過程回帰

これまでの議論では強調しなかったが，実は K は n にも依存していた．データの更新を考えるとき，それを強調して

$$
K_n = K_n(\boldsymbol{x}) = \begin{pmatrix} k(x_1, x_1) & \cdots & k(x_1, x_n) \\ \vdots & \ddots & \vdots \\ k(x_n, x_1) & \cdots & k(x_n, x_n) \end{pmatrix} \tag{5.3.2}
$$

と表すことにしよう．新たなデータ $\boldsymbol{x}_* = (x_{n+1}, \ldots, x_m)^\top$ が与えられたときは

$$
K_{n+m}(\boldsymbol{x}, \boldsymbol{x}_*) = \begin{pmatrix} k(x_1, x_1) & \cdots & k(x_1, x_{n+m}) \\ \vdots & \ddots & \vdots \\ k(x_{n+m}, x_1) & \cdots & k(x_{n+m}, x_{n+m}) \end{pmatrix}
$$

を考えることになる．これからの議論では，任意の $n \geq 1$ と任意のデータ $\boldsymbol{x} = (x_1, \ldots, x_n)^\top$ に対し，先の準備で用意した

$$\begin{pmatrix} y(\boldsymbol{w}, x_1) \\ \vdots \\ y(\boldsymbol{w}, x_n) \end{pmatrix} \sim N(\boldsymbol{0}, \alpha^{-1} K_n)$$

を仮定する．すなわち，$\{y(\boldsymbol{w}, x)\}_{x \in X}$ がガウス過程であることを要請する [*3]．この議論のためには，任意の $n \geq 1$ と任意のデータ $x_1, \ldots, x_n$ に対し，行列 $K_n = (k(x_i, x_j))$ の可逆性を仮定する必要がある．例えば，定理 B.1.1 によると，k がガウスカーネルならば，異なる n 個のデータに対し K_n は常に可逆である．

詳しい計算に入る前に，ガウス過程回帰のアイデアを述べよう．まず，$\boldsymbol{y} = \boldsymbol{y}(\boldsymbol{w}, \boldsymbol{x})$ と誤差ベクトル $\boldsymbol{\varepsilon}$ が独立にガウス分布に従うことを仮定すると，$\boldsymbol{z} = \boldsymbol{y} + \boldsymbol{\varepsilon}$ もガウス分布に従うことが導かれる．このことから，$\widehat{\boldsymbol{z}}$ を観測した後の $\boldsymbol{z}(\boldsymbol{x}_*)$ に関する条件付き確率分布もガウス分布になることがわかる．ガウス過程回帰では，この最後に得られたガウス分布の平均を $\boldsymbol{z}(\boldsymbol{x}_*)$ の予測として採用する．この議論で特筆すべきことは，ガウス分布に確率論的操作を施しても再びガウス分布になることである．このことにより，予測の元となる平均，分散情報が初等的な議論により得られる．これがガウス過程を考えることのご利益である．では，実際にこの議論を計算で確かめよう．

$\boldsymbol{z}$ の分布

ここでは，$\boldsymbol{z} = \boldsymbol{y} + \boldsymbol{\varepsilon}$ の分布を求めよう．

$$\boldsymbol{y} = \begin{pmatrix} y(\boldsymbol{w}, x_1) \\ \vdots \\ y(\boldsymbol{w}, x_n) \end{pmatrix} \sim N(\boldsymbol{0}, K), \quad \boldsymbol{\varepsilon} = \begin{pmatrix} \varepsilon_1 \\ \vdots \\ \varepsilon_n \end{pmatrix} \sim N(\boldsymbol{0}, \beta^{-1} I)$$

[*3] X を集合とし，$Y_x = Y(w, x)$ を，共通の確率空間上で定義された，w を変数とする確率変数とする．任意の自然数 n と任意の $x_1, \ldots, x_n \in X$ に対し，$(Y_{x_1}, \ldots, Y_{x_n})^\top$ が多次元ガウス分布に従うとき，$\{Y_x\}_{x \in X}$ を**ガウス過程**とよぶ．

を仮定する．今，計算を見やすくするために，$\alpha^{-1}K$ をあらためて K とおいている [*4]．$\alpha > 0$ と仮定していたため，$\alpha^{-1}K$ も正定値であるから問題ない．また，$\boldsymbol{z}$ の分布を求める際には，データの更新を考える必要はないので，K_n の n は省略した．さらに，$\boldsymbol{y}$ と $\boldsymbol{\varepsilon}$ は独立と仮定する．このとき，$\boldsymbol{z} = \boldsymbol{y} + \boldsymbol{\varepsilon}$ が $\mathbb{R}^n$ の部分集合 B に入る確率 $P(\boldsymbol{z} \in B)$ は

$$\begin{aligned}
P(\boldsymbol{z} \in B) &= P(\boldsymbol{y} + \boldsymbol{\varepsilon} \in B) \\
&= \int_{\{(\boldsymbol{y},\boldsymbol{\varepsilon}):\boldsymbol{y}+\boldsymbol{\varepsilon}\in B\}} N(\boldsymbol{y};\boldsymbol{0},K)N(\boldsymbol{\varepsilon};\boldsymbol{0},\beta^{-1}I)\ d\boldsymbol{y}d\boldsymbol{\varepsilon} \\
&= \int_{\mathbb{R}^n} N(\boldsymbol{y};\boldsymbol{0},K)\left(\int_{\{\boldsymbol{\varepsilon}:\boldsymbol{\varepsilon}\in B-\boldsymbol{y}\}} N(\boldsymbol{\varepsilon};\boldsymbol{0},\beta^{-1}I)\ d\boldsymbol{\varepsilon}\right) d\boldsymbol{y} \\
&= \int_{\mathbb{R}^n} N(\boldsymbol{y};\boldsymbol{0},K)\left(\int_B N(\boldsymbol{\varepsilon}-\boldsymbol{y};\boldsymbol{0},\beta^{-1}I)\ d\boldsymbol{\varepsilon}\right) d\boldsymbol{y} \\
&= \int_B \left(\int_{\mathbb{R}^n} N(\boldsymbol{y};\boldsymbol{0},K)N(\boldsymbol{\varepsilon}-\boldsymbol{y};\boldsymbol{0},\beta^{-1}I)\ d\boldsymbol{y}\right) d\boldsymbol{\varepsilon}
\end{aligned}$$

と表すことができる．ここで，

$$\int_{\mathbb{R}^n} N(\boldsymbol{y};\boldsymbol{0},K)N(\boldsymbol{\varepsilon}-\boldsymbol{y};\boldsymbol{0},\beta^{-1}I)\ d\boldsymbol{y} \tag{5.3.3}$$

は $\boldsymbol{\varepsilon}$ の関数であるが，$\boldsymbol{\varepsilon}$ に関して全空間 $\mathbb{R}^n$ で積分すると 1 であるから，やはり確率密度関数である．以下，(5.3.3) がガウス分布の確率密度関数であることを示す．

まず，

$$N(\boldsymbol{y};\boldsymbol{0},K)N(\boldsymbol{\varepsilon}-\boldsymbol{y};\boldsymbol{0},\beta^{-1}I)$$

の指数関数部分

$$\exp\left(-\frac{1}{2}\left(\langle K^{-1}\boldsymbol{y},\boldsymbol{y}\rangle + \langle\beta(\boldsymbol{\varepsilon}-\boldsymbol{y}),\boldsymbol{\varepsilon}-\boldsymbol{y}\rangle\right)\right)$$

の exp の中身を抜き出して，その平方完成を求めたい．つまり，

$$\langle K^{-1}\boldsymbol{y},\boldsymbol{y}\rangle + \langle\beta(\boldsymbol{\varepsilon}-\boldsymbol{y}),\boldsymbol{\varepsilon}-\boldsymbol{y}\rangle$$

[*4] ハイパーパラメータとして後で一括して扱えばよい．次の節を参照せよ．

$$= \langle (K^{-1} + \beta I)\boldsymbol{y}, \boldsymbol{y} \rangle - 2\langle \beta \boldsymbol{\varepsilon}, \boldsymbol{y} \rangle + \langle \beta \boldsymbol{\varepsilon}, \boldsymbol{\varepsilon} \rangle$$
$$= \langle (K^{-1} + \beta I)(\boldsymbol{y} - \boldsymbol{a}), \boldsymbol{y} - \boldsymbol{a} \rangle - \langle (K^{-1} + \beta I)\boldsymbol{a}, \boldsymbol{a} \rangle + \langle \beta \boldsymbol{\varepsilon}, \boldsymbol{\varepsilon} \rangle$$

をみたす $\boldsymbol{a} \in \mathbb{R}^n$ を求める．さて，この $\boldsymbol{a}$ を求めるには

$$\langle \beta \boldsymbol{\varepsilon}, \boldsymbol{y} \rangle = \langle (K^{-1} + \beta I)\boldsymbol{a}, \boldsymbol{y} \rangle$$

を解けばよい．今，$\boldsymbol{y}$ は任意であるから，

$$\beta \boldsymbol{\varepsilon} = (K^{-1} + \beta I)\boldsymbol{a}$$

となり，

$$\boldsymbol{a} = (K^{-1} + \beta I)^{-1} \beta \boldsymbol{\varepsilon}$$

を得る．よって，

$$\begin{aligned}
&\langle K^{-1}\boldsymbol{y}, \boldsymbol{y} \rangle + \langle \beta(\boldsymbol{\varepsilon} - \boldsymbol{y}), \boldsymbol{\varepsilon} - \boldsymbol{y} \rangle \\
&= \langle (K^{-1} + \beta I)(\boldsymbol{y} - \boldsymbol{a}), \boldsymbol{y} - \boldsymbol{a} \rangle \\
&\quad - \langle (K^{-1} + \beta I)(K^{-1} + \beta I)^{-1}\beta\boldsymbol{\varepsilon}, (K^{-1} + \beta I)^{-1}\beta\boldsymbol{\varepsilon} \rangle + \langle \beta \boldsymbol{\varepsilon}, \boldsymbol{\varepsilon} \rangle \\
&= \langle (K^{-1} + \beta I)(\boldsymbol{y} - \boldsymbol{a}), \boldsymbol{y} - \boldsymbol{a} \rangle - \langle \beta\boldsymbol{\varepsilon}, (K^{-1} + \beta I)^{-1}\beta\boldsymbol{\varepsilon} \rangle + \langle \beta \boldsymbol{\varepsilon}, \boldsymbol{\varepsilon} \rangle \\
&= \langle (K^{-1} + \beta I)(\boldsymbol{y} - \boldsymbol{a}), \boldsymbol{y} - \boldsymbol{a} \rangle + \langle \beta(I - \beta(K^{-1} + \beta I)^{-1})\boldsymbol{\varepsilon}, \boldsymbol{\varepsilon} \rangle \\
&= \langle (K^{-1} + \beta I)(\boldsymbol{y} - \boldsymbol{a}), \boldsymbol{y} - \boldsymbol{a} \rangle + \langle (K + \beta^{-1} I)^{-1}\boldsymbol{\varepsilon}, \boldsymbol{\varepsilon} \rangle
\end{aligned}$$

を得る．上の式変形で $\boldsymbol{a}$ を残した理由であるが，(5.3.3) において $\boldsymbol{y}$ に関して全空間で積分するため，積分の平行移動不変性により計算を簡略化できることを見越してそのようにした．最後の $(K + \beta^{-1}I)^{-1}$ が現れる変形については (A.2.1) を参照せよ．

以上のことから，

$$\int_{\mathbb{R}^n} N(\boldsymbol{y}; \boldsymbol{0}, K) N(\boldsymbol{\varepsilon} - \boldsymbol{y}; \boldsymbol{0}, \beta^{-1} I)\ d\boldsymbol{y} = \gamma \exp\left(-\frac{1}{2} \langle (K + \beta^{-1} I)^{-1} \boldsymbol{\varepsilon}, \boldsymbol{\varepsilon} \rangle \right)$$

が得られた．ここで，γ は

$$\int_{\mathbb{R}^n} \gamma \exp\left(-\frac{1}{2} \langle (K + \beta^{-1} I)^{-1} \boldsymbol{\varepsilon}, \boldsymbol{\varepsilon} \rangle \right) d\boldsymbol{\varepsilon} = 1$$

となる定数である．これからの議論でこの定数 γ を具体的に求める必要はない．このような定数を**正規化定数**とよぶことにする．最後に変数を $\boldsymbol{t}$ にして，

$$P(\boldsymbol{z} \in B) = \int_B \gamma \exp\left(-\frac{1}{2}\langle (K+\beta^{-1}I)^{-1}\boldsymbol{t}, \boldsymbol{t}\rangle\right) d\boldsymbol{t}$$

を得る．すなわち，

$$\boldsymbol{z} \sim N(\boldsymbol{0}, K+\beta^{-1}I)$$

がわかった．

条件付き分布

K_n を (5.3.2) で定めた行列，I_n を n 次の単位行列とする．$\widehat{\boldsymbol{z}} = (\widehat{z}_1, \ldots, \widehat{z}_n)^\top$ を観測した後の $\boldsymbol{t} = \boldsymbol{z}(\boldsymbol{x}_*)$ が従う確率分布の確率密度関数 $p(\boldsymbol{t} \mid \widehat{\boldsymbol{z}})$ を

$$p(\boldsymbol{t} \mid \widehat{\boldsymbol{z}}) = \gamma \exp\left(-\frac{1}{2}\left\langle (K_{n+m}+\beta^{-1}I_{n+m})^{-1}\begin{pmatrix}\widehat{\boldsymbol{z}}\\ \boldsymbol{t}\end{pmatrix}, \begin{pmatrix}\widehat{\boldsymbol{z}}\\ \boldsymbol{t}\end{pmatrix}\right\rangle\right)$$

と定める．ここでは，$\widehat{\boldsymbol{z}}$ を定ベクトル，$\boldsymbol{t} = \boldsymbol{z}(\boldsymbol{x}_*)$ を変数と見ている．また，γ は $\boldsymbol{t}$ での積分に対する正規化定数である．この $p(\boldsymbol{t} \mid \widehat{\boldsymbol{z}})$ が問題 D への一つの解を与えてくれる．では，$p(\boldsymbol{t} \mid \widehat{\boldsymbol{z}})$ が多次元ガウス分布の確率密度関数であることを示そう．

まず，

$$K_{n+m}+\beta^{-1}I_{n+m} = \begin{pmatrix} K_n(\boldsymbol{x})+\beta^{-1}I_n & \boldsymbol{k} \\ \boldsymbol{k}^\top & K_m(\boldsymbol{x}_*)+\beta^{-1}I_m \end{pmatrix} = \begin{pmatrix} A & B \\ C & D \end{pmatrix}$$

と分割する．このような行列は**ブロック行列**とよばれる [*5]．ここで，

$$\boldsymbol{k} = \boldsymbol{k}(\boldsymbol{x}, \boldsymbol{x}_*) = \begin{pmatrix} k(x_1, x_{n+1}) & \cdots & k(x_1, x_{n+m}) \\ \vdots & \ddots & \vdots \\ k(x_n, x_{n+1}) & \cdots & k(x_n, x_{n+m}) \end{pmatrix}$$

とおいた．さらに，同じ区分けを考えて，

[*5] ブロック行列の計算法については付録 A.3 を参照せよ．

$$(K_{n+m}+\beta^{-1}I_{n+m})^{-1}=\begin{pmatrix}L_{11} & L_{12}\\ L_{21} & L_{22}\end{pmatrix}$$

とおこう．今，$K_{n+m}+\beta^{-1}I_{n+m}$ は対称であるから，その逆行列も対称である．よって，$L_{12}^\top=L_{21}$, $L_{22}^\top=L_{22}$ が成り立つ．さらに，L_{22} は正定値であることに注意しよう．

次に，$\boldsymbol{z}$ の分布を求めたときと同じように，

$$\begin{aligned}\left\langle\begin{pmatrix}L_{11} & L_{12}\\ L_{21} & L_{22}\end{pmatrix}\begin{pmatrix}\widehat{\boldsymbol{z}}\\ \boldsymbol{t}\end{pmatrix},\begin{pmatrix}\widehat{\boldsymbol{z}}\\ \boldsymbol{t}\end{pmatrix}\right\rangle&=\langle L_{11}\widehat{\boldsymbol{z}},\widehat{\boldsymbol{z}}\rangle+2\langle L_{12}\boldsymbol{t},\widehat{\boldsymbol{z}}\rangle+\langle L_{22}\boldsymbol{t},\boldsymbol{t}\rangle\\ &=\langle L_{11}\widehat{\boldsymbol{z}},\widehat{\boldsymbol{z}}\rangle+\langle L_{22}(\boldsymbol{t}-\boldsymbol{a}),\boldsymbol{t}-\boldsymbol{a}\rangle-\langle L_{22}\boldsymbol{a},\boldsymbol{a}\rangle\end{aligned}$$

をみたす $\boldsymbol{a}\in\mathbb{R}^m$ を求めたい．今の場合，

$$\langle L_{12}\boldsymbol{t},\widehat{\boldsymbol{z}}\rangle=-\langle L_{22}\boldsymbol{t},\boldsymbol{a}\rangle$$

を解けばよい．この解は

$$\boldsymbol{a}=-L_{22}^{-1}L_{12}^\top\widehat{\boldsymbol{z}}=-L_{22}^{-1}L_{21}\widehat{\boldsymbol{z}}$$

である．ここで，定理 A.3.2 の (i) を適用すると，

$$L_{21}=-(D-CA^{-1}B)^{-1}CA^{-1},\quad L_{22}=(D-CA^{-1}B)^{-1}$$

であるから，

$$\boldsymbol{a}=-L_{22}^{-1}L_{21}\widehat{\boldsymbol{z}}=\boldsymbol{k}^\top(K_n+\beta^{-1}I_n)^{-1}\widehat{\boldsymbol{z}}$$

を得る．さらに，$(K_n+\beta^{-1}I_n)^{-1}\widehat{\boldsymbol{z}}=(c_1,\ldots,c_n)^\top$ とおけば，

$$\boldsymbol{a}=\begin{pmatrix}k(x_1,x_{n+1}) & \cdots & k(x_n,x_{n+1})\\ \vdots & \ddots & \vdots\\ k(x_1,x_{n+m}) & \cdots & k(x_n,x_{n+m})\end{pmatrix}\begin{pmatrix}c_1\\ \vdots\\ c_n\end{pmatrix}=\begin{pmatrix}\displaystyle\sum_{j=1}^n c_jk(x_j,x_{n+1})\\ \vdots\\ \displaystyle\sum_{j=1}^n c_jk(x_j,x_{n+m})\end{pmatrix}$$

と表すことができる．

以上の計算によりわかったことをまとめよう．まず，確率密度関数 $p(\boldsymbol{t} \mid \widehat{\boldsymbol{z}})$ は

$$
\begin{aligned}
p(\boldsymbol{t} \mid \widehat{\boldsymbol{z}}) &= \gamma \exp\left(-\frac{1}{2}\left\langle (K_{n+m} + \beta^{-1} I_{n+m})^{-1} \begin{pmatrix} \widehat{\boldsymbol{z}} \\ \boldsymbol{t} \end{pmatrix}, \begin{pmatrix} \widehat{\boldsymbol{z}} \\ \boldsymbol{t} \end{pmatrix} \right\rangle\right) \\
&= \widetilde{\gamma} \exp\left(-\frac{1}{2}\langle L_{22}(\boldsymbol{t} - \boldsymbol{a}), \boldsymbol{t} - \boldsymbol{a}\rangle\right)
\end{aligned}
$$

と表される．ここで，$\widetilde{\gamma}$ も正規化定数である．よって，$p(\boldsymbol{t} \mid \widehat{\boldsymbol{z}})$ は平均ベクトル $\boldsymbol{\mu} = \boldsymbol{a}$, 共分散行列 $\Sigma = L_{22}^{-1} = D - CA^{-1}B$ により定まる多次元ガウス分布の確率密度関数である．さらに，その平均ベクトル $\boldsymbol{\mu}$ と共分散行列 Σ は

$$
\boldsymbol{\mu} = \boldsymbol{\mu}(\boldsymbol{x}_*) = \begin{pmatrix} \displaystyle\sum_{j=1}^{n} c_j k(x_j, x_{n+1}) \\ \vdots \\ \displaystyle\sum_{j=1}^{n} c_j k(x_j, x_{n+m}) \end{pmatrix} = \begin{pmatrix} \displaystyle\sum_{j=1}^{n} c_j k_{x_j}(x_{n+1}) \\ \vdots \\ \displaystyle\sum_{j=1}^{n} c_j k_{x_j}(x_{n+m}) \end{pmatrix}
$$

$$
\Sigma = \Sigma(\boldsymbol{x}_*) = K_m(\boldsymbol{x}_*) + \beta^{-1} I_m - \boldsymbol{k}^\top (K_n(\boldsymbol{x}) + \beta^{-1} I_n)^{-1} \boldsymbol{k}
$$

と表される．この $\boldsymbol{\mu}$ と Σ は，入力データ $x_1, \ldots, x_n, x_{n+1}, \ldots, x_{n+m}$，観測値 $\widehat{\boldsymbol{z}}$，カーネル関数 k だけから定まることに注目すると [*6]，これもリプレゼンター定理とよんでよいだろう．従って，ガウス過程回帰もカーネル法の一種といえるのである．特に，$m = 1$ のとき，

$$
\begin{aligned}
p(t \mid \widehat{\boldsymbol{z}}) &= \frac{1}{\sqrt{2\pi\sigma^2}} \exp\left(-\frac{(t-\mu)^2}{2\sigma^2}\right) \\
\mu = \mu(x_*) &= \sum_{j=1}^{n} c_j k(x_j, x_*) \\
\sigma^2 = \sigma^2(x_*) &= k(x_*, x_*) + \beta^{-1} - \langle (K_n + \beta^{-1} I_n)^{-1} \boldsymbol{k}, \boldsymbol{k} \rangle
\end{aligned}
$$

が得られる．このように，ガウス過程回帰の枠組みで問題 D の解を与えることができた．ガウス過程回帰では，$\boldsymbol{z}(\boldsymbol{x}_*)$ に対する予測として，$\boldsymbol{\mu} = \boldsymbol{\mu}(\boldsymbol{x}_*)$ を

[*6] $\mathcal{M} = \mathcal{M}(k_{x_1}, \ldots, k_{x_n})$ の正規直交基底 $\{\varphi_1, \ldots, \varphi_n\}$ の選び方には依存しないことにも注目しよう．

採用する．また，必要があれば $\Sigma = \Sigma(\boldsymbol{x}_*)$ の情報も活用する．ここで得られた予測 $\boldsymbol{\mu} = \boldsymbol{\mu}(\boldsymbol{x}_*)$，$\Sigma = \Sigma(\boldsymbol{x}_*)$ が実際にどのように振る舞うのかを次の節で見てみよう．

5.4　数値例

ここでは，1 変数関数，および 2 変数関数予測の数値例を通してガウス過程回帰の有用性を確認しよう．

1 変数関数予測の数値例

まずは，4.5 節で真の関係式として扱ったものと同一の以下の 1 変数関数による $x \in \mathbb{R}$ と $z \in \mathbb{R}$ の間の関係

$$z(x) = 1 - 1.5x + \sin x + \cos(3x) + \varepsilon$$

を考えよう．ただし，ここではノイズ ε の存在を考慮しており，$N(0, 0.01)$ に従うものとする．ここでの目的は，訓練データ以外のデータ点 x_* に対する $z(x_*)$ を確率分布として予測することである．今，$[-3, 3]$ の範囲でランダムに生成された n 点のデータ $x_1, \ldots, x_n$ とそれに対応する $\widehat{z}_j(x_j)$，すなわち訓練データ $\widetilde{D} = \{(x_1, \widehat{z}_1(x_1)), \ldots, (x_n, \widehat{z}_n(x_n))\}$ が与えられたとしよう．また，ガウス過程回帰の事前分布の平均は 0 とし，カーネル関数として，2 乗指数カーネル

$$k(x_i, x_j) = \sigma_f^2 \exp\left(-\frac{(x_i - x_j)^2}{2q^2}\right) + \delta_{ij}\sigma_n^2$$

を用いる．ここで，δ_{ij} はクロネッカーデルタであり，$i = j$ のとき $\delta_{ij} = 1$，$i \neq j$ のとき $\delta_{ij} = 0$ である．また，σ_f, q, σ_n は**ハイパーパラメータ**とよばれ，設計パラメータである [*7]．

訓練データ数が $n = 4, 8, 12, 16$ と増加する場合に対して，$[-3, 3]$ の範囲の各 x_* に対する $z(x_*)$ の予測分布を**図 5.3** に示す．ただし，図中の破線が関数の真値（ノイズを含まないもの），'+' 印がノイズを含む訓練データ $\widetilde{D}$，実線がガウス過程回帰の予測平均 $\mu(x_*)$，灰色の領域がガウス過程回帰の 95% 信

*7　ハイパーパラメータの設計については Rasmussen–Williams [11] を参照せよ．

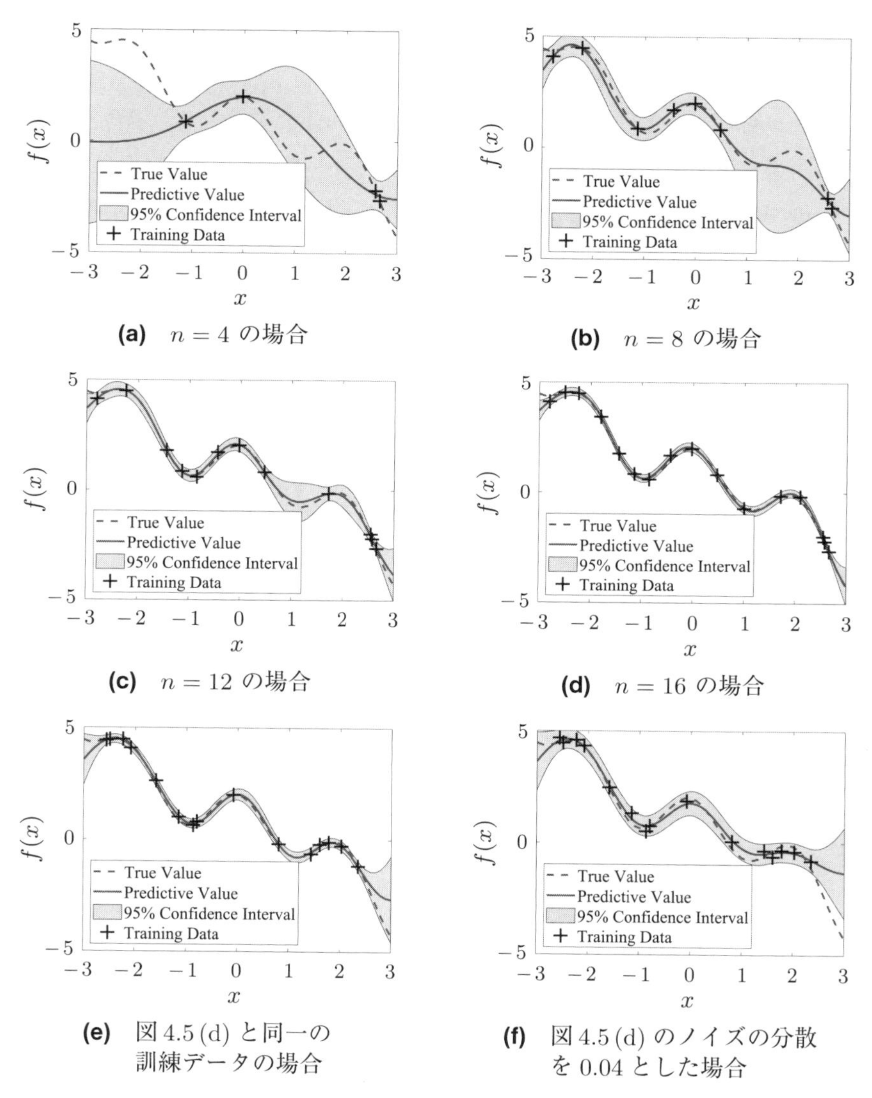

(a) $n = 4$ の場合　(b) $n = 8$ の場合

(c) $n = 12$ の場合　(d) $n = 16$ の場合

(e) 図 4.5 (d) と同一の訓練データの場合　(f) 図 4.5 (d) のノイズの分散を 0.04 とした場合

図 5.3：ガウス過程回帰による $z(x_*)$ の予測分布

頼区間（予測平均から $\pm 2 \times \sigma(x_*)$ の区間）を表している．図 5.3 より，訓練データ数が増加するにつれて予測結果が良くなり，特に $n = 16$ の図 5.3 (d) では両端を除いてほぼ全域で予測平均が真値とおおよそ一致し，信頼区間の幅も狭くなっていることが確認できるだろう．

参考までに，4.5 節で扱った図 4.5 (d) と同一のノイズを含む訓練データ（$n = 15$）の場合，さらにノイズの分散を 0.01 から 0.04 に増大させた場合に対するガウス過程回帰の予測結果を，それぞれ図 5.3 (e), (f) に示す．図 5.3 (e) と図 4.5 (d) を比較して，ガウス過程回帰の方が，信頼区間を考慮することで無理のない予測が行われていることがわかるだろう．また，図 5.3 (f) よりノイズが大きい場合に応じて信頼区間の幅が大きくなっていることも確認できる．

2 変数関数予測の数値例

次に，以下の 2 変数関数による $(x, y) \in \mathbb{R}^2$ と $z \in \mathbb{R}$ の間の関係

$$
\begin{aligned}
z(x, y) = &\ \exp\left(- \left\| \begin{pmatrix} x \\ y \end{pmatrix} - \begin{pmatrix} -1.2 \\ 1.2 \end{pmatrix} \right\|_{\mathbb{R}^2}^2 \right) \\
&+ \exp\left(- \left\| \begin{pmatrix} x \\ y \end{pmatrix} - \begin{pmatrix} 1.2 \\ -1.2 \end{pmatrix} \right\|_{\mathbb{R}^2}^2 \right) + \varepsilon
\end{aligned}
$$

を考えよう．ただし，ノイズ ε は $N(0, 0.01)$ に従うものとする．これは，例えば，ある 2 次元平面領域の汚染度合いや人口密度などの分布をサンプル地点における計測値から予測することを想定している．また，光や熱など計測する対象がその地点から広域に伝搬する場合の光源，熱源の探索にも使えるだろう．

ここでは，$z(x, y)$ の真値（ノイズを含まないもの）を**図 5.4** に曲面で表し，これと比較することで予測結果を評価する．今，$[-2, 2] \times [-2, 2]$ の範囲でランダム

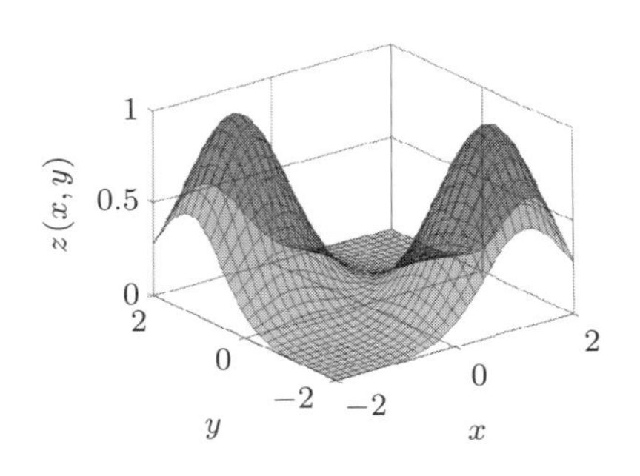

図 5.4：2 変数関数 $z(x, y)$ の真値

に生成された n 点のデータ $(x_1, y_1), \ldots, (x_n, y_n)$ とそれに対応する $\widehat{z}_j(x_j, y_j)$, すなわち訓練データ $\widetilde{D} = \{(x_1, y_1, \widehat{z}_1(x_1, y_1)), \ldots, (x_n, y_n, \widehat{z}_n(x_n, y_n))\}$ が与えられたとしよう．また，ガウス過程回帰の事前分布の平均は 0 とし，カーネル関数は $\boldsymbol{x}_i = (x_i, y_i)^\top \in \mathbb{R}^2$ として，2 乗指数カーネル

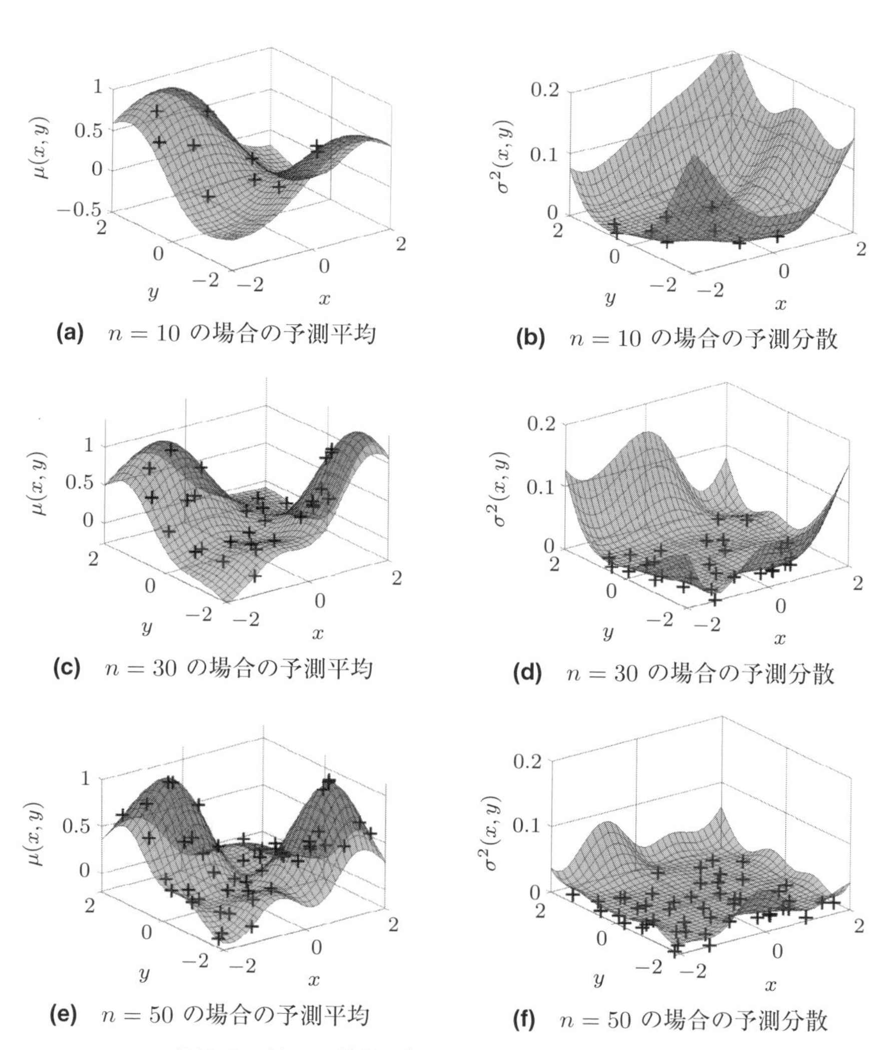

(a) $n = 10$ の場合の予測平均

(b) $n = 10$ の場合の予測分散

(c) $n = 30$ の場合の予測平均

(d) $n = 30$ の場合の予測分散

(e) $n = 50$ の場合の予測平均

(f) $n = 50$ の場合の予測分散

図 5.5：ガウス過程回帰による $z(x_*, y_*)$ の予測分布

$$k(\boldsymbol{x}_i, \boldsymbol{x}_j) = \sigma_f^2 \exp\left(-\frac{(\boldsymbol{x}_i - \boldsymbol{x}_j)^\top Q^{-1}(\boldsymbol{x}_i - \boldsymbol{x}_j)}{2}\right) + \delta_{ij}\sigma_n^2, \quad Q = \begin{pmatrix} q_1 & 0 \\ 0 & q_2 \end{pmatrix}$$

を用いる．訓練データ数が $n = 10, 30, 50$ と増加する場合に対して，$[-2, 2] \times [-2, 2]$ の範囲の各 (x_*, y_*) に対する $z(x_*, y_*)$ の予測分布を**図 5.5** に示す．ただし，図 5.5 (a), (c), (e), および図 5.5 (b), (d), (f) の曲面は，それぞれガウス過程回帰の予測平均 $\mu(x_*, y_*)$, 予測分散 $\sigma^2(x_*, y_*)$ を表している．なお，図 5.5 (b), (d), (f) では，参考として訓練データが得られた (x_j, y_j) に対応して (x, y)-平面上に '+' 印をプロットしている．図 5.5 より，訓練データ数が増加するにつれて予測結果が良くなり，特に $n = 50$ の図 5.5 (e), (f) ではデータが疎な領域を除いて予測平均が真値とおおよそ一致し，分散も小さくなっていることが確認できるだろう．

付録 A 行列と行列式

A.1 ヴァンデルモンドの行列式

n を 2 以上の自然数とし，実数 $x_1, \ldots, x_n$ に対し，

$$V = \begin{pmatrix} 1 & x_1 & \cdots & x_1^{n-1} \\ 1 & x_2 & \cdots & x_2^{n-1} \\ \vdots & \vdots & \ddots & \vdots \\ 1 & x_n & \cdots & x_n^{n-1} \end{pmatrix}$$

とおく．このとき，

$$\det V = \prod_{1 \leq i < j \leq n} (x_j - x_i)$$

が成り立つ．これを**ヴァンデルモンドの行列式**とよぶ．特に，$x_1, \ldots, x_n$ が互いに異なるとき，$\det V \neq 0$ であり，V の逆行列が存在する．例えば，$n = 3$ のとき，行列式の一般的な性質を用いると，

$$\begin{aligned} \begin{vmatrix} 1 & x_1 & x_1^2 \\ 1 & x_2 & x_2^2 \\ 1 & x_3 & x_3^2 \end{vmatrix} &= \begin{vmatrix} 1 & x_1 & 0 \\ 1 & x_2 & x_2^2 - x_1 x_2 \\ 1 & x_3 & x_3^2 - x_1 x_3 \end{vmatrix} \\ &= \begin{vmatrix} 1 & 0 & 0 \\ 1 & x_2 - x_1 & x_2^2 - x_1 x_2 \\ 1 & x_3 - x_1 & x_3^2 - x_1 x_3 \end{vmatrix} \\ &= \begin{vmatrix} x_2 - x_1 & x_2^2 - x_1 x_2 \\ x_3 - x_1 & x_3^2 - x_1 x_3 \end{vmatrix} \end{aligned}$$

$$= (x_2 - x_1)(x_3 - x_1) \begin{vmatrix} 1 & x_2 \\ 1 & x_3 \end{vmatrix}$$

$$= (x_2 - x_1)(x_3 - x_1)(x_3 - x_2)$$

を得る．このようにしてヴァンデルモンドの行列式が成り立つことがわかる．

次に，ヴァンデルモンドの行列式の応用を紹介しよう．$x_1, \ldots, x_n$ を互いに異なる実数とする．$x_1, \ldots, x_n$ 上で定義された関数 f に対し，

$$f(x_j) = p(x_j) \quad (j = 1, \ldots, n) \tag{A.1.1}$$

をみたす $n-1$ 次以下の多項式 $p(x) = \sum_{j=0}^{n-1} c_j x^j$ が存在することを示そう．

行列を用いれば，(A.1.1) をみたす多項式 p を求めることは，

$$\begin{pmatrix} 1 & x_1 & \cdots & x_1^{n-1} \\ 1 & x_2 & \cdots & x_2^{n-1} \\ \vdots & \vdots & \ddots & \vdots \\ 1 & x_n & \cdots & x_n^{n-1} \end{pmatrix} \begin{pmatrix} c_0 \\ c_1 \\ \vdots \\ c_{n-1} \end{pmatrix} = \begin{pmatrix} f(x_1) \\ f(x_2) \\ \vdots \\ f(x_n) \end{pmatrix}$$

をみたす $c_0, \ldots, c_{n-1}$ を求めることと同じである．今，仮定から $\det V \neq 0$ であるから，V の逆行列が存在する．よって，

$$\begin{pmatrix} c_0 \\ c_1 \\ \vdots \\ c_{n-1} \end{pmatrix} = \begin{pmatrix} 1 & x_1 & \cdots & x_1^{n-1} \\ 1 & x_2 & \cdots & x_2^{n-1} \\ \vdots & \vdots & \ddots & \vdots \\ 1 & x_n & \cdots & x_n^{n-1} \end{pmatrix}^{-1} \begin{pmatrix} f(x_1) \\ f(x_2) \\ \vdots \\ f(x_n) \end{pmatrix}$$

と解くことができる．従って，問題 (A.1.1) の解を $n-1$ 次以下の多項式から選ぶことができる．

A.2　行列の関数

対称行列の計算に便利な方法がある．A を $n \times n$ の対称行列とし，A の固有値を重複を許し $\lambda_1, \ldots, \lambda_n$ とおく．このとき，

$$U^\top AU = \begin{pmatrix} \lambda_1 & & 0 \\ & \ddots & \\ 0 & & \lambda_n \end{pmatrix}$$

を直交行列 U による A の対角化とすれば，

$$A^j = U \begin{pmatrix} \lambda_1^j & & 0 \\ & \ddots & \\ 0 & & \lambda_n^j \end{pmatrix} U^\top \quad (j \geq 0)$$

が成り立つ．よって，任意の多項式 $p(x) = \sum_{j=0}^{m} c_j x^j$ に対し，$p(A) = \sum_{j=0}^{m} c_j A^j$ と定めれば，

$$p(A) = U \begin{pmatrix} p(\lambda_1) & & 0 \\ & \ddots & \\ 0 & & p(\lambda_n) \end{pmatrix} U^\top$$

を得る．また，A の逆行列 A^{-1} が存在するとき，

$$A^{-1} = U \begin{pmatrix} \frac{1}{\lambda_1} & & 0 \\ & \ddots & \\ 0 & & \frac{1}{\lambda_n} \end{pmatrix} U^\top$$

が成り立つ．これらの等式を踏まえて，A の固有値 $\lambda_1, \ldots, \lambda_n$ 上で定義される関数 f に対し，行列 $f(A)$ を

$$f(A) = U \begin{pmatrix} f(\lambda_1) & & 0 \\ & \ddots & \\ 0 & & f(\lambda_n) \end{pmatrix} U^\top$$

と定めよう．

定理 A.2.1.　A を $n \times n$ の対称行列とする．A の固有値 $\lambda_1, \ldots, \lambda_n$ 上で定義される関数 f, g に対し，

(i) $(f+g)(A) = f(A) + g(A)$

(ii) $(fg)(A) = f(A)g(A)$

が成り立つ．

証明 (ii) は

$$
\begin{aligned}
(fg)(A) &= U \begin{pmatrix} (fg)(\lambda_1) & & 0 \\ & \ddots & \\ 0 & & (fg)(\lambda_n) \end{pmatrix} U^\top \\
&= U \begin{pmatrix} f(\lambda_1)g(\lambda_1) & & 0 \\ & \ddots & \\ 0 & & f(\lambda_n)g(\lambda_n) \end{pmatrix} U^\top \\
&= U \begin{pmatrix} f(\lambda_1) & & 0 \\ & \ddots & \\ 0 & & f(\lambda_n) \end{pmatrix} U^\top U \begin{pmatrix} g(\lambda_1) & & 0 \\ & \ddots & \\ 0 & & g(\lambda_n) \end{pmatrix} U^\top \\
&= f(A)g(A)
\end{aligned}
$$

と示すことができる．(i) も同様である． □

定理 A.2.1 の (i) と (ii) は，対称行列 A を，A と I だけからなる式の中では変数のように扱ってよいことを意味する．このことを応用して，正定値行列 K と $\beta > 0$ に対し

$$
\beta\left(I - \beta(K^{-1} + \beta I)^{-1}\right) = \left(K + \beta^{-1} I\right)^{-1} \tag{A.2.1}
$$

が成り立つことを簡単に示すことができる．実際，

$$
\begin{aligned}
\beta\left(I - \beta(K^{-1} + \beta I)^{-1}\right) &= \beta(K^{-1} + \beta I)^{-1}((K^{-1} + \beta I) - \beta I) \\
&= \beta K^{-1}(K^{-1} + \beta I)^{-1} \\
&= \frac{\beta I}{K(K^{-1} + \beta I)} \\
&= \frac{I}{\beta^{-1} I + K}
\end{aligned}
$$

$$= \left(K + \beta^{-1} I\right)^{-1}$$

と計算すればよい．

A.3　シューアの補行列

A を $n \times n$ 行列，B を $n \times m$ 行列，C を $m \times n$ 行列，D を $m \times m$ 行列とし，$(n+m) \times (n+m)$ 行列

$$M = \begin{pmatrix} A & B \\ C & D \end{pmatrix}$$

を考える．このような区分けをされた行列は**ブロック行列**とよばれる．ブロック行列に対し，通常の行列の場合と同様に

$$\begin{pmatrix} A & B \\ C & D \end{pmatrix} \begin{pmatrix} \boldsymbol{x} \\ \boldsymbol{y} \end{pmatrix} = \begin{pmatrix} A\boldsymbol{x} + B\boldsymbol{y} \\ C\boldsymbol{x} + D\boldsymbol{y} \end{pmatrix} \quad (\boldsymbol{x} \in \mathbb{R}^n,\ \boldsymbol{y} \in \mathbb{R}^m),$$

$$\begin{pmatrix} A_{11} & A_{12} \\ A_{21} & A_{22} \end{pmatrix} \begin{pmatrix} B_{11} & B_{12} \\ B_{21} & B_{22} \end{pmatrix} = \begin{pmatrix} A_{11}B_{11} + A_{12}B_{21} & A_{11}B_{12} + A_{12}B_{22} \\ A_{21}B_{11} + A_{22}B_{21} & A_{21}B_{12} + A_{22}B_{22} \end{pmatrix}$$

と定める．

補題 A.3.1.　X を $m \times n$ 行列とする．このとき，$(n+m) \times (n+m)$ のブロック行列

$$\begin{pmatrix} I_n & O \\ X & I_m \end{pmatrix} \quad (O \text{ は零行列})$$

は可逆であり，

$$\begin{pmatrix} I_n & O \\ X & I_m \end{pmatrix}^{-1} = \begin{pmatrix} I_n & O \\ -X & I_m \end{pmatrix}$$

が成り立つ．

証明

$$\begin{pmatrix} I_n & O \\ -X & I_m \end{pmatrix} \begin{pmatrix} I_n & O \\ X & I_m \end{pmatrix} = \begin{pmatrix} I_n & O \\ O & I_m \end{pmatrix}$$

から結論を得る. □

より一般に, ブロック行列の逆行列に関し, 次が知られている.

定理 A.3.2.　M が可逆であるとき, 次が成り立つ.

(i)　A が可逆であれば, $D-CA^{-1}B$ も可逆であり,

$$M^{-1}=\begin{pmatrix} A^{-1}+A^{-1}B(D-CA^{-1}B)^{-1}CA^{-1} & -A^{-1}B(D-CA^{-1}B)^{-1} \\ -(D-CA^{-1}B)^{-1}CA^{-1} & (D-CA^{-1}B)^{-1} \end{pmatrix}$$

が成り立つ.

(ii)　D が可逆であれば, $A-BD^{-1}C$ も可逆であり,

$$M^{-1}=\begin{pmatrix} (A-BD^{-1}C)^{-1} & -(A-BD^{-1}C)^{-1}BD^{-1} \\ -D^{-1}C(A-BD^{-1}C)^{-1} & D^{-1}+D^{-1}C(A-BD^{-1}C)^{-1}BD^{-1} \end{pmatrix}$$

が成り立つ.

証明　(i) を示そう. 掃き出し法による変形

$$\begin{pmatrix} A & B \\ C & D \end{pmatrix} \to \begin{pmatrix} A & B \\ O & D-CA^{-1}B \end{pmatrix} \to \begin{pmatrix} A & O \\ O & D-CA^{-1}B \end{pmatrix}$$

を考える. これは行列を用いると

$$\begin{pmatrix} I_n & O \\ -CA^{-1} & I_m \end{pmatrix}\begin{pmatrix} A & B \\ C & D \end{pmatrix}\begin{pmatrix} I_n & -A^{-1}B \\ O & I_m \end{pmatrix}=\begin{pmatrix} A & O \\ O & D-CA^{-1}B \end{pmatrix} \tag{A.3.1}$$

と表すことができる. (A.3.1) の両辺の行列式を考えることで

$$\det M=(\det A)(\det(D-CA^{-1}B))$$

が導かれる. 今, $\det M \neq 0$ であるから, $\det(D-CA^{-1}B)\neq 0$ を得る. よって, $D-CA^{-1}B$ の逆行列が存在する. さらに, 補題 A.3.1 により, (A.3.1) は

$$\begin{pmatrix} A & B \\ C & D \end{pmatrix}=\begin{pmatrix} I_n & O \\ -CA^{-1} & I_m \end{pmatrix}^{-1}\begin{pmatrix} A & O \\ O & D-CA^{-1}B \end{pmatrix}\begin{pmatrix} I_n & -A^{-1}B \\ O & I_m \end{pmatrix}^{-1}$$

と書き換えられる．従って，

$$
\begin{aligned}
M^{-1} &= \begin{pmatrix} A & B \\ C & D \end{pmatrix}^{-1} \\
&= \begin{pmatrix} I_n & -A^{-1}B \\ O & I_m \end{pmatrix} \begin{pmatrix} A^{-1} & O \\ O & (D-CA^{-1}B)^{-1} \end{pmatrix} \begin{pmatrix} I_n & O \\ -CA^{-1} & I_m \end{pmatrix}
\end{aligned}
$$

が成り立ち，ここから (i) が得られる． □

定理 A.3.2 に出てきた二つの行列 $D-CA^{-1}B$, $A-BD^{-1}C$ は M に対する**シューアの補行列**とよばれる．

付録 B
カーネル関数の理論

B.1 ガウスカーネルの正定値性

$A = (a_{ij})$ を n 次の対称行列とする．A の固有値がすべて正であるとき，A を**正定値行列**とよんだ．定理 1.5.1 と同じ議論により，次の (i) と (ii) は同値であることがわかる．

(i) A は正定値行列である．

(ii) $\mathbb{R}^n$ の任意のベクトル $\boldsymbol{c} = (c_1, \ldots, c_n)^\top \neq (0, \ldots, 0)^\top$ に対し，

$$\langle A\boldsymbol{c}, \boldsymbol{c} \rangle = \sum_{i,j=1}^{n} c_i c_j a_{ij} > 0$$

が成り立つ．

さて，$\mathbb{R}^d$ 内の互いに異なる n 個のベクトル $\boldsymbol{x}_1, \ldots, \boldsymbol{x}_n$ とガウスカーネル

$$k(\boldsymbol{x}, \boldsymbol{y}) = \exp(-\gamma \|\boldsymbol{x} - \boldsymbol{y}\|^2) \quad (\gamma > 0)$$

に対し，次が成り立つ．

定理 B.1.1. $\boldsymbol{x}_i \neq \boldsymbol{x}_j$ $(i \neq j)$ のとき，すなわち，$\boldsymbol{x}_1, \ldots, \boldsymbol{x}_n$ がすべて異なるとき，

$$\Big(k(\boldsymbol{x}_i, \boldsymbol{x}_j)\Big) = \begin{pmatrix} 1 & e^{-\gamma\|\boldsymbol{x}_1 - \boldsymbol{x}_2\|^2} & \cdots & e^{-\gamma\|\boldsymbol{x}_1 - \boldsymbol{x}_n\|^2} \\ e^{-\gamma\|\boldsymbol{x}_2 - \boldsymbol{x}_1\|^2} & 1 & \cdots & e^{-\gamma\|\boldsymbol{x}_2 - \boldsymbol{x}_n\|^2} \\ \vdots & \vdots & \ddots & \vdots \\ e^{-\gamma\|\boldsymbol{x}_n - \boldsymbol{x}_1\|^2} & e^{-\gamma\|\boldsymbol{x}_n - \boldsymbol{x}_2\|^2} & \cdots & 1 \end{pmatrix}$$

は正定値である．

まず，次の補題を用意しよう．

補題 B.1.2. $\mathbb{R}^d$ 内の n 個のベクトル $\boldsymbol{x}_1, \ldots, \boldsymbol{x}_n$ に対し，$\boldsymbol{x}_i \neq \boldsymbol{x}_j$ $(i \neq j)$ のとき，

$$\langle \boldsymbol{x}_0, \boldsymbol{x}_i \rangle \neq \langle \boldsymbol{x}_0, \boldsymbol{x}_j \rangle \quad (i \neq j)$$

をみたす $\boldsymbol{x}_0 \in \mathbb{R}^d$ が存在する．

証明 任意の $\boldsymbol{x} \in \mathbb{R}^d$ に対し，$\langle \boldsymbol{x}, \boldsymbol{x}_{i(\boldsymbol{x})} \rangle = \langle \boldsymbol{x}, \boldsymbol{x}_{j(\boldsymbol{x})} \rangle$ をみたす $i(\boldsymbol{x}), j(\boldsymbol{x})$ $(1 \leq i(\boldsymbol{x}) < j(\boldsymbol{x}) \leq n)$ が選べたと仮定しよう．このとき，$\boldsymbol{x} \in \{\boldsymbol{x}_{i(\boldsymbol{x})} - \boldsymbol{x}_{j(\boldsymbol{x})}\}^{\perp}$ であるから，

$$\mathbb{R}^d = \bigcup_{1 \leq i < j \leq n} \{\boldsymbol{x}_i - \boldsymbol{x}_j\}^{\perp} \tag{B.1.1}$$

が成り立つ．今，仮定により $\{\boldsymbol{x}_i - \boldsymbol{x}_j\}^{\perp}$ は $\mathbb{R}^d$ の中の $d-1$ 次元部分空間である．よって，その体積は 0 である．しかし，(B.1.1) の両辺の体積を比較すると，これは矛盾である． □

定理 B.1.1 の証明 $\mathcal{H}_k$ をガウスカーネル k から構成される再生核ヒルベルト空間とする．このとき，

$$\sum_{i,j=1}^{n} c_i c_j k(\boldsymbol{x}_i, \boldsymbol{x}_j) = \left\| \sum_{j=1}^{n} c_j k_{\boldsymbol{x}_j} \right\|_{\mathcal{H}_k}^2$$

が成り立つ．よって，定理を示すには

$$\sum_{j=1}^{n} c_j k_{\boldsymbol{x}_j} = 0 \tag{B.1.2}$$

のとき，$c_1 = \cdots = c_n = 0$ であることを示せばよい．すなわち，$\{k_{\boldsymbol{x}_1}, \ldots, k_{\boldsymbol{x}_n}\}$ が線形独立であることを示せばよい．まず，(B.1.2) は関数としての等式であるから，すべての $\boldsymbol{x} \in \mathbb{R}^d$ に対して

$$\sum_{j=1}^{n} c_j k_{\boldsymbol{x}_j}(\boldsymbol{x}) = 0$$

が成り立つことに注意しよう．このとき，

$$\sum_{j=1}^{n} c_j k_{\boldsymbol{x}_j}(\boldsymbol{x}) = \sum_{j=1}^{n} c_j \exp(-\gamma \|\boldsymbol{x} - \boldsymbol{x}_j\|^2)$$

$$= \sum_{j=1}^{n} c_j \exp(-\gamma(\|\boldsymbol{x}\|^2 - 2\langle \boldsymbol{x}, \boldsymbol{x}_j \rangle + \|\boldsymbol{x}_j\|^2))$$
$$= e^{-\gamma\|\boldsymbol{x}\|^2} \sum_{j=1}^{n} c_j e^{-\gamma\|\boldsymbol{x}_j\|^2} e^{2\gamma\langle \boldsymbol{x}, \boldsymbol{x}_j \rangle}$$

から，$d_j = c_j e^{-\gamma\|\boldsymbol{x}_j\|^2}$ とおけば，

$$\sum_{j=1}^{n} d_j e^{2\gamma\langle \boldsymbol{x}, \boldsymbol{x}_j \rangle} = 0$$

を得る．今，$\boldsymbol{x}$ は任意であったから，

$$\sum_{j=1}^{n} d_j e^{2i\gamma\langle \boldsymbol{x}, \boldsymbol{x}_j \rangle} = \sum_{j=1}^{n} d_j e^{2\gamma\langle i\boldsymbol{x}, \boldsymbol{x}_j \rangle} = 0 \quad (i = 0, \ldots, n-1)$$

が成り立つ．これは行列を用いて

$$\begin{pmatrix} 1 & 1 & \cdots & 1 \\ e^{2\gamma\langle \boldsymbol{x}, \boldsymbol{x}_1 \rangle} & e^{2\gamma\langle \boldsymbol{x}, \boldsymbol{x}_2 \rangle} & \cdots & e^{2\gamma\langle \boldsymbol{x}, \boldsymbol{x}_n \rangle} \\ \vdots & \vdots & \ddots & \vdots \\ e^{2(n-1)\gamma\langle \boldsymbol{x}, \boldsymbol{x}_1 \rangle} & e^{2(n-1)\gamma\langle \boldsymbol{x}, \boldsymbol{x}_2 \rangle} & \cdots & e^{2(n-1)\gamma\langle \boldsymbol{x}, \boldsymbol{x}_n \rangle} \end{pmatrix} \begin{pmatrix} d_1 \\ d_2 \\ \vdots \\ d_n \end{pmatrix} = \begin{pmatrix} 0 \\ 0 \\ \vdots \\ 0 \end{pmatrix} \tag{B.1.3}$$

と表すことができる．ここで

$$V(\boldsymbol{x}) = \begin{pmatrix} 1 & 1 & \cdots & 1 \\ e^{2\gamma\langle \boldsymbol{x}, \boldsymbol{x}_1 \rangle} & e^{2\gamma\langle \boldsymbol{x}, \boldsymbol{x}_2 \rangle} & \cdots & e^{2\gamma\langle \boldsymbol{x}, \boldsymbol{x}_n \rangle} \\ \vdots & \vdots & \ddots & \vdots \\ e^{2(n-1)\gamma\langle \boldsymbol{x}, \boldsymbol{x}_1 \rangle} & e^{2(n-1)\gamma\langle \boldsymbol{x}, \boldsymbol{x}_2 \rangle} & \cdots & e^{2(n-1)\gamma\langle \boldsymbol{x}, \boldsymbol{x}_n \rangle} \end{pmatrix}$$

とおこう．このとき，ヴァンデルモンドの行列式から

$$\det V(\boldsymbol{x}) = \prod_{1 \le i < j \le n} (e^{2\gamma\langle \boldsymbol{x}, \boldsymbol{x}_j \rangle} - e^{2\gamma\langle \boldsymbol{x}, \boldsymbol{x}_i \rangle})$$

が成り立ち，補題 B.1.2 により，$\det V(\boldsymbol{x}_0) \neq 0$ となる $\boldsymbol{x}_0 \in \mathbb{R}^d$ が存在する．すなわち，$V(\boldsymbol{x}_0)$ の逆行列が存在する．よって，(B.1.3) から，$d_1 = \cdots = d_n = 0$ が得られる．さらに，d_j の定め方から，$c_1 = \cdots = c_n = 0$ が導かれる．　□

一般にカーネル関数を局所化した行列が正定値とは限らない．例えば，例4.1.2 のカーネル関数 $k(x,y) = f(x)f(y)$ を局所化した行列

$$\begin{pmatrix} k(x,x) & k(x,y) \\ k(y,x) & k(y,y) \end{pmatrix} = \begin{pmatrix} f(x)^2 & f(x)f(y) \\ f(x)f(y) & f(y)^2 \end{pmatrix}$$

は正定値ではない．実際，任意の $x, y \in X$ に対し，

$$\det \begin{pmatrix} f(x)^2 & f(x)f(y) \\ f(x)f(y) & f(y)^2 \end{pmatrix} = f(x)^2 f(y)^2 - (f(x)f(y))^2 = 0$$

が成り立つからである．

B.2 滑らかなカーネル関数

$\mathcal{H}_k$ を $\mathbb{R}$ 上の再生核ヒルベルト空間とする．例題 4.1.9 の観察をさらに推し進めて，$\mathcal{H}_k$ の関数の微分可能性について調べよう．

定理 B.2.1. k が C^2-級であれば，任意の $f \in \mathcal{H}_k$ は微分可能であり，

$$\frac{df}{dx}(a) = \langle f, \partial k_a \rangle_{\mathcal{H}_k} \qquad (a \in \mathbb{R})$$

をみたす $\partial k_a \in \mathcal{H}_k$ が存在する [*1]．

証明 まず，$f = f(x,y)$ を $\mathbb{R}^2$ 上の C^2-級関数とする．このとき，

$$\frac{f(x+\varepsilon, y+\delta) - f(x+\varepsilon, y) - f(x, y+\delta) + f(x,y)}{\varepsilon\delta} \to \frac{\partial^2 f}{\partial y \partial x}(x,y) \quad (\varepsilon, \delta \to 0) \qquad \text{(B.2.1)}$$

が成り立つ．実際，$F(t) = f(x+t, y+\delta) - f(x+t, y)$ とおけば，平均値の定理により，

$$\begin{aligned} F(\varepsilon) - F(0) &= \varepsilon F'(t_\varepsilon) \\ &= \varepsilon \left(\frac{\partial f}{\partial x}(x+t_\varepsilon, y+\delta) - \frac{\partial f}{\partial x}(x+t_\varepsilon, y) \right) \end{aligned}$$

---

*1 一般に，$\dfrac{df}{dx} \in \mathcal{H}_k$ とは限らないことに注意．

$$= \varepsilon\delta \frac{\partial^2 f}{\partial y \partial x}(x + t_\varepsilon, y + t_\delta)$$

をみたす $t_\varepsilon \in [0, \varepsilon]$ と $t_\delta \in [0, \delta]$ が存在する．このとき，

$$\frac{F(\varepsilon) - F(0)}{\varepsilon\delta} \to \frac{\partial^2 f}{\partial y \partial x}(x, y) \quad (\varepsilon, \delta \to 0)$$

であり，F を f に戻して (B.2.1) を得る．

さて，k を $\mathbb{R}$ 上のカーネル関数とし，k を C^2-級と仮定しよう．このとき，(B.2.1) から

$$\begin{aligned}
&\left\| \frac{k_{a+\varepsilon} - k_a}{\varepsilon} - \frac{k_{a+\delta} - k_a}{\delta} \right\|_{\mathcal{H}_k}^2 \\
&= \left\| \frac{k_{a+\varepsilon} - k_a}{\varepsilon} \right\|_{\mathcal{H}_k}^2 - 2 \left\langle \frac{k_{a+\varepsilon} - k_a}{\varepsilon}, \frac{k_{a+\delta} - k_a}{\delta} \right\rangle_{\mathcal{H}_k} + \left\| \frac{k_{a+\delta} - k_a}{\delta} \right\|_{\mathcal{H}_k}^2 \\
&\to \frac{\partial^2 k}{\partial y \partial x}(a, a) - 2 \frac{\partial^2 k}{\partial y \partial x}(a, a) + \frac{\partial^2 k}{\partial y \partial x}(a, a) \quad (\varepsilon, \delta \to 0) \\
&= 0
\end{aligned}$$

が導かれる．よって，$\mathcal{H}_k$ の完備性により，

$$\left\| \frac{k_{a+\varepsilon} - k_a}{\varepsilon} - \partial k_a \right\|_{\mathcal{H}_k}^2 \to 0 \quad (\varepsilon \to 0)$$

をみたす ∂k_a が $\mathcal{H}_k$ に存在する．従って，内積の連続性（例題 3.2.3）により，任意の $f \in \mathcal{H}_k$ に対し，

$$\frac{f(a + \varepsilon) - f(a)}{\varepsilon} = \left\langle f, \frac{k_{a+\varepsilon} - k_a}{\varepsilon} \right\rangle_{\mathcal{H}_k} \to \langle f, \partial k_a \rangle_{\mathcal{H}_k} \quad (\varepsilon \to 0)$$

が成り立つ．□

B.3　アロンシャインの理論

カーネル関数と再生核ヒルベルト空間の一般論はアロンシャインの理論として知られている．ここでは，4.4 節で紹介したカーネル関数の和と引き戻しについて詳しく解説しよう．

準備

まず，射影定理（定理 3.3.5）の応用として，ヒルベルト空間の柔軟な構成が可能になる次の定理を紹介しよう．

定理 B.3.1 (準同型定理). $\mathcal{H}$ をヒルベルト空間，V をベクトル空間とし，線形写像 $\Gamma : \mathcal{H} \to V$ に対し，$\ker \Gamma = \{\boldsymbol{x} \in \mathcal{H} : \Gamma \boldsymbol{x} = \boldsymbol{0}\}$ が $\mathcal{H}$ の閉部分空間であると仮定する．このとき，P を $(\ker \Gamma)^{\perp}$ の上への直交射影とすれば，$\Gamma\mathcal{H}$ は

$$\langle \Gamma \boldsymbol{x}, \Gamma \boldsymbol{y} \rangle_{\Gamma} = \langle P\boldsymbol{x}, P\boldsymbol{y} \rangle_{\mathcal{H}} \quad (\boldsymbol{x}, \boldsymbol{y} \in \mathcal{H})$$

を内積としたヒルベルト空間になる．

証明 まず，$\langle \cdot, \cdot \rangle_{\Gamma}$ が well-defined であることから示そう．今，$\boldsymbol{u} = \Gamma \boldsymbol{x} = \Gamma \boldsymbol{x}'$, $\boldsymbol{v} = \Gamma \boldsymbol{y} = \Gamma \boldsymbol{y}'$ と仮定する．このとき，$\boldsymbol{x} - \boldsymbol{x}', \boldsymbol{y} - \boldsymbol{y}' \in \ker \Gamma$ であるから，P の線形性（例題 3.3.6）により，$P\boldsymbol{x} = P\boldsymbol{x}'$, $P\boldsymbol{y} = P\boldsymbol{y}'$ が成り立つ．よって，$\langle P\boldsymbol{x}, P\boldsymbol{y} \rangle_{\mathcal{H}} = \langle P\boldsymbol{x}', P\boldsymbol{y}' \rangle_{\mathcal{H}}$ であり，$\langle \boldsymbol{u}, \boldsymbol{v} \rangle_{\Gamma}$ は $\boldsymbol{u}, \boldsymbol{v}$ の表示の仕方に依らず一つに定まることがわかった．

$\langle \cdot, \cdot \rangle_{\Gamma}$ の内積としての各種性質は，$\langle \cdot, \cdot \rangle_{\mathcal{H}}$ の対応する性質から簡単に導かれる．$\langle \boldsymbol{u}, \boldsymbol{u} \rangle_{\Gamma} = 0$ ならば $\boldsymbol{u} = \boldsymbol{0}$ が成り立つことだけを示そう．$\boldsymbol{u} = \Gamma \boldsymbol{x}$ のとき，$\langle \boldsymbol{u}, \boldsymbol{u} \rangle_{\Gamma} = 0$ ならば $\langle P\boldsymbol{x}, P\boldsymbol{x} \rangle_{\mathcal{H}} = 0$ であるから，$P\boldsymbol{x} = \boldsymbol{0}$ となる．よって，射影定理（定理 3.3.5）により $\boldsymbol{x} \in \ker \Gamma$ である．従って，$\boldsymbol{u} = \Gamma \boldsymbol{x} = \boldsymbol{0}$ を得る．

最後に，$(\Gamma\mathcal{H}, \langle \cdot, \cdot \rangle_{\Gamma})$ の完備性を示す．$\boldsymbol{u} = \Gamma \boldsymbol{x}$ に対し，$\|\boldsymbol{u}\|_{\Gamma} = \|P\boldsymbol{x}\|_{\mathcal{H}}$ であることに注意しよう．$\|\boldsymbol{u}_n - \boldsymbol{u}_m\|_{\Gamma} \to 0$ $(n, m \to \infty)$ を仮定する．このとき，$\boldsymbol{u}_n = \Gamma \boldsymbol{x}_n$ に対し，$\boldsymbol{x}_n \in (\ker \Gamma)^{\perp}$ と選べば，

$$\|\boldsymbol{x}_n - \boldsymbol{x}_m\|_{\mathcal{H}} = \|\Gamma \boldsymbol{x}_n - \Gamma \boldsymbol{x}_m\|_{\Gamma} = \|\boldsymbol{u}_n - \boldsymbol{u}_m\|_{\Gamma} \to 0 \quad (n, m \to \infty)$$

が成り立つ．よって $\mathcal{H}$ の完備性により，$\boldsymbol{x}_n \to \boldsymbol{x}$ $(n \to \infty)$ となる $\boldsymbol{x} \in \mathcal{H}$ が存在するが，例 3.3.4 により，$(\ker \Gamma)^{\perp}$ は閉部分空間であるから，$\boldsymbol{x} \in (\ker \Gamma)^{\perp}$ までわかる．従って，$\boldsymbol{u} = \Gamma \boldsymbol{x}$ とおけば，

$$\|\boldsymbol{u}_n - \boldsymbol{u}\|_{\Gamma} = \|\Gamma \boldsymbol{x}_n - \Gamma \boldsymbol{x}\|_{\Gamma} = \|\boldsymbol{x}_n - \boldsymbol{x}\|_{\mathcal{H}} \to 0 \quad (n \to \infty)$$

が成り立ち，$(\Gamma\mathcal{H}, \langle \cdot, \cdot \rangle_{\Gamma})$ が完備であることがわかった． □

補足 B.3.2.　数学専攻向けのコメントになってしまうが，定理 B.3.1 は

$$\Gamma\mathcal{H} \simeq \mathcal{H}/\ker\Gamma \simeq (\ker\Gamma)^{\perp}$$

と 1 行で証明できる．最初の $\simeq$ の部分は線形写像に対する準同型定理である．次の $\simeq$ の部分は射影定理（定理 3.3.5）から導かれる．そういったわけで，定理 B.3.1 をヒルベルト空間論における準同型定理と名付けた．これは本書で提案したことであるので，他所で使う場合は注意してほしい．

再生核ヒルベルト空間 $\mathcal{H}_k$ の部分空間 $\mathcal{L}$ を

$$\mathcal{L} = \left\{ \sum_j c_j k_{x_j} \ (\text{有限和}) : x_j \in X,\ c_j \in \mathbb{R} \right\}$$

と定める．次の命題は $\mathcal{H}_k$ と $\mathcal{L}$ の関係を与えるものである．

命題 B.3.3.　$\mathcal{H}_k$ を再生核ヒルベルト空間とし，$\mathcal{L}$ を上で定めた $\mathcal{H}_k$ の部分空間とする．このとき，任意の $f \in \mathcal{H}_k$ に対し，

$$\|f_n - f\|_{\mathcal{H}_k} \to 0 \quad (n \to \infty)$$

をみたす $f_n \in \mathcal{L}$ $(n \in \mathbb{N})$ が存在する．すなわち，$\mathcal{H}_k$ のノルムに関して，$\mathcal{H}_k$ の任意の関数は $\mathcal{L}$ の関数で近似できる．

証明　まず，$\mathcal{L}^{\perp}$ の直交補空間 $(\mathcal{L}^{\perp})^{\perp}$ を考える．$f \in \mathcal{L}$ であれば，f は $\mathcal{L}^{\perp}$ と直交するので，$\mathcal{L} \subset (\mathcal{L}^{\perp})^{\perp}$ が成り立つ．さらに，$(\mathcal{L}^{\perp})^{\perp}$ は $\mathcal{L}$ を含む最小の閉部分空間であることを示そう．例 3.3.4 により，$(\mathcal{L}^{\perp})^{\perp}$ は閉部分空間であるから，$(\mathcal{L}^{\perp})^{\perp}$ の最小性，すなわち，$\mathcal{H}_k$ の中で $\mathcal{L}$ を含む任意の閉部分空間 $\mathcal{M}$ に対し，$(\mathcal{L}^{\perp})^{\perp} \subset \mathcal{M}$ を示せばよい．任意の $f \in (\mathcal{L}^{\perp})^{\perp}$ に対し，f の直交分解 $f = P_{\mathcal{M}}f + P_{\mathcal{M}^{\perp}}f$ を考える．このとき，$\mathcal{L} \subset \mathcal{M}$ から $P_{\mathcal{M}^{\perp}}f \in \mathcal{L}^{\perp}$ がわかる．よって，

$$\begin{aligned}\|P_{\mathcal{M}^{\perp}}f\|_{\mathcal{H}_k}^2 = \langle P_{\mathcal{M}^{\perp}}f, P_{\mathcal{M}^{\perp}}f\rangle_{\mathcal{H}_k} &= \langle P_{\mathcal{M}}f + P_{\mathcal{M}^{\perp}}f, P_{\mathcal{M}^{\perp}}f\rangle_{\mathcal{H}_k} \\ &= \langle f, P_{\mathcal{M}^{\perp}}f\rangle_{\mathcal{H}_k} = 0\end{aligned}$$

から，$f = P_{\mathcal{M}}f \in \mathcal{M}$ となり，$(\mathcal{L}^{\perp})^{\perp} \subset \mathcal{M}$ を得る．次に，$f \in \mathcal{L}^{\perp}$ のとき，任意の $x \in X$ に対し，$f(x) = \langle f, k_x\rangle_{\mathcal{H}_k} = 0$ であるから，$f = 0$ を得る．よっ

て，$\mathcal{L}^{\perp} = \{0\}$ である．ここから，$(\mathcal{L}^{\perp})^{\perp} = \mathcal{H}_k$ を得る．従って，$\mathcal{H}_k$ は $\mathcal{L}$ を含む最小の閉部分空間である．言い換えれば，$\mathcal{H}_k$ は $\mathcal{L}$ と $\mathcal{L}$ の中の関数列の極限からなる集合である． □

補足 B.3.4. 命題 B.3.3 において，

$$f = \lim_{n\to\infty} \sum_{j=1}^{n} c_j k_{x_j}$$

と規則正しく近似されるとは限らないことに注意しよう．

カーネル関数の和

定理 B.3.5（アロンシャイン）. k_1, k_2 を X 上のカーネル関数とし，それぞれから構成される再生核ヒルベルト空間を $\mathcal{H}_{k_1}, \mathcal{H}_{k_2}$ とする．このとき，カーネル関数 $k = k_1 + k_2$ から構成される再生核ヒルベルト空間 $\mathcal{H}_{k_1+k_2}$ はベクトル空間として

$$\mathcal{H}_{k_1+k_2} = \{f_1 + f_2 : f_1 \in \mathcal{H}_{k_1},\ f_2 \in \mathcal{H}_{k_2}\}$$

と表される．特に，そのノルムに関し

$$\|f_1 + f_2\|^2_{\mathcal{H}_{k_1+k_2}} \leq \|f_1\|^2_{\mathcal{H}_{k_1}} + \|f_2\|^2_{\mathcal{H}_{k_2}} \tag{B.3.1}$$

が成り立つ．

ここでは，定理が成り立つ仕組みを解説しよう．問題はベクトル空間

$$\mathcal{H}_{k_1} + \mathcal{H}_{k_2} = \{f_1 + f_2 : f_1 \in \mathcal{H}_{k_1},\ f_2 \in \mathcal{H}_{k_2}\}$$

に，いかに内積構造を入れるかということである．この点が解決すれば，あとはその内積で $\mathcal{H}_{k_1} + \mathcal{H}_{k_2}$ が再生核ヒルベルト空間になることをていねいに確認していけばよい．そこで，補助的に

$$\mathcal{H}_{k_1} \oplus \mathcal{H}_{k_2} = \left\{ \begin{pmatrix} f_1 \\ f_2 \end{pmatrix} : f_1 \in \mathcal{H}_{k_1},\ f_2 \in \mathcal{H}_{k_2} \right\}$$

という空間を用意する．$\mathcal{H}_{k_1} \oplus \mathcal{H}_{k_2}$ は成分ごとの演算でベクトル空間になる．さらに，

$$\left\langle \begin{pmatrix} f_1 \\ f_2 \end{pmatrix}, \begin{pmatrix} g_1 \\ g_2 \end{pmatrix} \right\rangle_{\mathcal{H}_{k_1} \oplus \mathcal{H}_{k_2}} = \langle f_1, g_1 \rangle_{\mathcal{H}_{k_1}} + \langle f_2, g_2 \rangle_{\mathcal{H}_{k_2}}$$

を内積，

$$\left\| \begin{pmatrix} f_1 \\ f_2 \end{pmatrix} \right\|_{\mathcal{H}_{k_1} \oplus \mathcal{H}_{k_2}} = \sqrt{\|f_1\|^2_{\mathcal{H}_{k_1}} + \|f_2\|^2_{\mathcal{H}_{k_2}}}$$

をノルムとするヒルベルト空間である．$\mathcal{H}_{k_1} \oplus \mathcal{H}_{k_2}$ は $\mathcal{H}_{k_1}$ と $\mathcal{H}_{k_2}$ の直和ヒルベルト空間とよばれる．さて，ここで，

$$\Gamma : \mathcal{H}_{k_1} \oplus \mathcal{H}_{k_2} \to \mathcal{H}_{k_1} + \mathcal{H}_{k_2}, \quad \Gamma \begin{pmatrix} f_1 \\ f_2 \end{pmatrix} = f_1 + f_2$$

という写像を考え，ヒルベルト空間 $\mathcal{H}_{k_1} \oplus \mathcal{H}_{k_2}$ の構造を Γ 経由で $\mathcal{H}_{k_1} + \mathcal{H}_{k_2}$ に輸入する．まず，$\ker\Gamma = \{(f, -f)^\top : f \in \mathcal{H}_{k_1} \cap \mathcal{H}_{k_2}\}$ であるから，$\ker\Gamma$ は $\mathcal{H}_{k_1} \oplus \mathcal{H}_{k_2}$ の閉部分空間である．ここで，P を $(\ker\Gamma)^\perp$ の上への直交射影とし，$\Gamma(\mathcal{H}_{k_1} \oplus \mathcal{H}_{k_2}) = \mathcal{H}_{k_1} + \mathcal{H}_{k_2}$ 上に内積を

$$\langle f_1 + f_2, g_1 + g_2 \rangle_{\mathcal{H}_{k_1+k_2}} = \left\langle P \begin{pmatrix} f_1 \\ f_2 \end{pmatrix}, P \begin{pmatrix} g_1 \\ g_2 \end{pmatrix} \right\rangle_{\mathcal{H}_{k_1} \oplus \mathcal{H}_{k_2}}$$

と定めよう．準同型定理（定理 B.3.1）により，ベクトル空間 $\Gamma(\mathcal{H}_{k_1} \oplus \mathcal{H}_{k_2}) = \mathcal{H}_{k_1} + \mathcal{H}_{k_2}$ はこの内積でヒルベルト空間になる．それをヒルベルト空間らしく $\mathcal{H}_{k_1+k_2}$ と表すことにする．このとき，ノルムは

$$\|f_1 + f_2\|_{\mathcal{H}_{k_1+k_2}} = \left\| P \begin{pmatrix} f_1 \\ f_2 \end{pmatrix} \right\|_{\mathcal{H}_{k_1} \oplus \mathcal{H}_{k_2}}$$

となるが，射影定理（定理 3.3.5）から

$$\|f_1 + f_2\|^2_{\mathcal{H}_{k_1+k_2}} \leq \left\| \begin{pmatrix} f_1 \\ f_2 \end{pmatrix} \right\|^2_{\mathcal{H}_{k_1} \oplus \mathcal{H}_{k_2}} = \|f_1\|^2_{\mathcal{H}_{k_1}} + \|f_2\|^2_{\mathcal{H}_{k_2}}$$

が成り立つ．不等式 (B.3.1) はこのようにして導かれる．

例題 B.3.6. 以上の議論の計算例として，カーネル関数 $k_1 + k_2$ が実際に $\mathcal{H}_{k_1+k_2}$ の再生核を定めることを示してみよう．

解答 まず，$\ker \Gamma = \{(f, -f)^\top : f \in \mathcal{H}_{k_1} \cap \mathcal{H}_{k_2}\}$ に注意しよう．このとき，任意の $f \in \mathcal{H}_{k_1} \cap \mathcal{H}_{k_2}$ に対し，

$$\begin{aligned}\langle (f, -f)^\top,\ (k_1(\cdot, y), k_2(\cdot, y))^\top \rangle_{\mathcal{H}_{k_1} \oplus \mathcal{H}_{k_2}} &= \langle f, k_1(\cdot, y) \rangle_{\mathcal{H}_{k_1}} - \langle f, k_2(\cdot, y) \rangle_{\mathcal{H}_{k_2}} \\ &= f(y) - f(y) \\ &= 0\end{aligned}$$

から，$(k_1(\cdot, y), k_2(\cdot, y))^\top \in (\ker \Gamma)^\perp$ がわかる．次に，$F = f_1 + f_2 \in \mathcal{H}_{k_1} + \mathcal{H}_{k_2}$ に対し，

$$\begin{aligned}\langle F,\ k_1(\cdot, y) + k_2(\cdot, y) \rangle_{\mathcal{H}_{k_1+k_2}} &= \langle P(f_1, f_2)^\top,\ P(k_1(\cdot, y), k_2(\cdot, y))^\top \rangle_{\mathcal{H}_{k_1} \oplus \mathcal{H}_{k_2}} \\ &= \langle (f_1, f_2)^\top,\ (k_1(\cdot, y), k_2(\cdot, y))^\top \rangle_{\mathcal{H}_{k_1} \oplus \mathcal{H}_{k_2}} \\ &= \langle f_1, k_1(\cdot, y) \rangle_{\mathcal{H}_{k_1}} + \langle f_2, k_2(\cdot, y) \rangle_{\mathcal{H}_{k_2}} \\ &= f_1(y) + f_2(y) \\ &= F(y)\end{aligned}$$

を得る．よって，カーネル関数 $k_1 + k_2$ が $\mathcal{H}_{k_1+k_2}$ の再生核を定めることがわかった． □

積の場合について，テンソル積ヒルベルト空間についての準備が必要になるが，不等式 (4.4.2) もだいたい同じように導かれる．

カーネル関数の引き戻し

k_1, k_2 を X 上のカーネル関数とする．任意の $n \in \mathbb{N}$, $\{x_j\}_{j=1}^n \subset X$, $\{c_j\}_{j=1}^n \subset \mathbb{R}$ に対して，

$$\sum_{i,j=1}^n c_i c_j k_1(x_i, x_j) \leq \sum_{i,j=1}^n c_i c_j k_2(x_i, x_j)$$

が成り立つとき，$k_1 \leq k_2$ と略記する．

次の補題はリースの表現定理（定理 3.4.2）の応用である．

補題 B.3.7. $\mathcal{H}_k$ を X 上の再生核ヒルベルト空間とする．X 上の関数 f に対し，$k_f(x,y) = f(x)f(y)$ と表す．このとき，$f \in \mathcal{H}_k$ である必要十分条件は $k_f \leq c^2 k$ をみたす定数 $c > 0$ が存在することである．さらに，このとき

$$\|f\|_{\mathcal{H}_k} = \min\{c > 0 : k_f \leq c^2 k\} \tag{B.3.2}$$

が成り立つ．

証明　まず，$f \in \mathcal{H}_k$ のとき，再生核等式とコーシー・シュワルツの不等式を用いて，

$$\begin{aligned}
\sum_{i,j=1}^{n} c_i c_j f(x_i) f(x_j) &= \sum_{i,j=1}^{n} c_i c_j \langle f, k_{x_i} \rangle_{\mathcal{H}_k} \langle f, k_{x_j} \rangle_{\mathcal{H}_k} \\
&= \left\langle f, \sum_{i=1}^{n} c_i k_{x_i} \right\rangle_{\mathcal{H}_k} \left\langle f, \sum_{j=1}^{n} c_j k_{x_j} \right\rangle_{\mathcal{H}_k} \\
&\leq \|f\|_{\mathcal{H}_k}^2 \left\| \sum_{j=1}^{n} c_j k_{x_j} \right\|_{\mathcal{H}_k}^2 \\
&= \|f\|_{\mathcal{H}_k}^2 \sum_{i,j=1}^{n} c_i c_j k(x_i, x_j)
\end{aligned}$$

が成り立つ．よって，$c = \|f\|_{\mathcal{H}_k}$ とおけばよい．一方，$k_f \leq c^2 k$ は

$$\left| \sum_{j=1}^{n} c_j f(x_j) \right|^2 \leq c^2 \left\| \sum_{j=1}^{n} c_j k_{x_j} \right\|_{\mathcal{H}_k}^2 \tag{B.3.3}$$

と書き換えられる．$\mathcal{H}_k$ の関数は k_x の有限和で近似できるので（命題 B.3.3），(B.3.3) は $\varphi(k_x) = f(x)$ により，$\mathcal{H}_k$ 上の有界な線形汎関数 φ が定まることを意味する．特に，$\|\varphi\| \leq c$ である．よって，リースの表現定理（定理 3.4.2）により，

$$\varphi(k_x) = \langle k_x, F \rangle_{\mathcal{H}_k}$$

をみたす $F \in \mathcal{H}_k$ が存在する．このとき，

$$f(x) = \varphi(k_x) = \langle k_x, F \rangle_{\mathcal{H}_k} = F(x) \quad (x \in X)$$

であるから，関数として $f = F$ であり，$f \in \mathcal{H}_k$ を得る．さらに，

$$\|f\|_{\mathcal{H}_k} = \|F\|_{\mathcal{H}_k} = \|\varphi\| \leq c$$

が成り立ち，前半に示したことと合わせて，(B.3.2) を得る． □

定理 B.3.8 (アロンシャイン)． X, Y を集合とし，X 上のカーネル関数 k と写像 $\varphi : Y \to X$ を考える．このとき，カーネル関数 $k \circ \varphi$ から構成される再生核ヒルベルト空間 $\mathcal{H}_{k\circ\varphi}$ はベクトル空間として

$$\mathcal{H}_{k\circ\varphi} = \{f \circ \varphi : f \in \mathcal{H}_k\}$$

と表される．特に，そのノルムに関し

$$\|f \circ \varphi\|^2_{\mathcal{H}_{k\circ\varphi}} \leq \|f\|^2_{\mathcal{H}_k} \tag{B.3.4}$$

が成り立つ．

ここでも，定理が成り立つ仕組みを解説しよう．やはり問題はベクトル空間

$$\mathcal{H}_k \circ \varphi = \{f \circ \varphi : f \in \mathcal{H}_k\}$$

に，いかに内積構造を入れるかということである．さて，ここで，

$$\Gamma : \mathcal{H}_k \to \mathcal{H}_k \circ \varphi, \quad \Gamma f = f \circ \varphi$$

という写像を考え，ヒルベルト空間 $\mathcal{H}_k$ の構造を Γ 経由で $\mathcal{H}_k \circ \varphi$ に輸入する．まず，$\ker \Gamma = \{f \in \mathcal{H}_k : f \circ \varphi(y) = 0 \ (y \in Y)\}$ であるから，$\ker \Gamma$ は $\mathcal{H}_k$ の閉部分空間である．ここで，P を $(\ker \Gamma)^\perp$ の上への直交射影とし，$\Gamma(\mathcal{H}_k) = \mathcal{H}_k \circ \varphi$ 上に内積を

$$\langle f \circ \varphi,\ g \circ \varphi \rangle_\Gamma = \langle Pf, Pg \rangle_{\mathcal{H}_k}$$

と定めよう．準同型定理（定理 B.3.1）により，ベクトル空間 $\Gamma(\mathcal{H}_k) = \mathcal{H}_k \circ \varphi$ はこの内積でヒルベルト空間になる．それをヒルベルト空間らしく $\mathcal{H}_{k\circ\varphi}$ と表すことにする．このとき，$f \in \mathcal{H}_k$ に対し，補題 B.3.7 から

$$k_f \leq \|f\|_{\mathcal{H}_k}^2 k$$

が成り立つが，ここに φ を合成すると，

$$(f \circ \varphi(y))(f \circ \varphi(y')) = k_f(\varphi(y), \varphi(y')) \leq \|f\|_{\mathcal{H}_k}^2 k(\varphi(y), \varphi(y')) \quad (y, y' \in Y)$$

を得る．よって，

$$k_{f \circ \varphi} \leq \|f\|_{\mathcal{H}_k}^2 k \circ \varphi$$

が成り立つ．従って，再び補題 B.3.7 から，不等式 (B.3.4) が得られた．

例題 B.3.9.　以上の議論の計算例として，カーネル関数 $k \circ \varphi$ が実際に $\mathcal{H}_{k \circ \varphi}$ の再生核を定めることを示してみよう．

解答　$h_y(\cdot) = k(\varphi(\cdot), \varphi(y))$ とおく．任意の $f \in \mathcal{H}_k$ に対し，f を射影定理（定理 3.3.5）により

$$f = f_1 + f_2 \quad (f_1 \in (\ker \Gamma)^{\perp},\ f_2 \in \ker \Gamma)$$

と直交分解する．このとき，$Pf = f_1$ かつ $f_2(\varphi(y)) = 0$ $(y \in Y)$ であるから，

$$\begin{aligned}
\langle f \circ \varphi, h_y \rangle_{\mathcal{H}_{k \circ \varphi}} &= \langle Pf, Pk_{\varphi(y)} \rangle_{\mathcal{H}_k} \\
&= \langle Pf, k_{\varphi(y)} \rangle_{\mathcal{H}_k} \\
&= (Pf)(\varphi(y)) \\
&= f_1(\varphi(y)) \\
&= f_1(\varphi(y)) + f_2(\varphi(y)) \\
&= f(\varphi(y))
\end{aligned}$$

を得る．よって，カーネル関数 $k \circ \varphi$ が $\mathcal{H}_{k \circ \varphi}$ の再生核を定めることがわかった．　□

付録 C

確率論の用語

ここでは，確率空間と確率変数について簡単な解説を与える．

C.1 確率空間

Ω を集合とする．以下では，集合 Ω の部分集合 A に対し，A^c は Ω 内での A の補集合を表す．

Ω の部分集合からなり，次の (i), (ii), (iii) をみたす集合族 $\mathfrak{F}$ を考える．

(i) $\Omega \in \mathfrak{F}$

(ii) $A \in \mathfrak{F}$ ならば $A^c \in \mathfrak{F}$

(iii) $A_1, A_2, \ldots \in \mathfrak{F}$ ならば $\displaystyle\bigcup_{n=1}^{\infty} A_n \in \mathfrak{F}$

次に，$\mathfrak{F}$ 上で定義された関数 P で次の (iv), (v), (vi) をみたすものを考える．

(iv) 任意の $A \in \mathfrak{F}$ に対し，$0 \leq P(A) \leq 1$

(v) $P(\Omega) = 1$

(vi) $A_1, A_2, \ldots \in \mathfrak{F}$ かつ $A_n \cap A_m = \emptyset \ (n \neq m)$ のとき

$$P\left(\bigcup_{n=1}^{\infty} A_n\right) = \sum_{n=1}^{\infty} P(A_n)$$

この三つ組 $(\Omega, \mathfrak{F}, P)$ を確率空間という．$P(A)$ を事象 A が起こる確率と考える．高校で学ぶ確率の基本的な性質は確率空間の定義から導かれる．例えば，$A \in \mathfrak{F}$ のとき，(ii) から $A^c \in \mathfrak{F}$ であり，(v) と (vi) から

$$P(A) + P(A^c) = P(A \cup A^c) = P(\Omega) = 1$$

が成り立つ．よって，$P(A^c) = 1 - P(A)$ を得る．特に，$P(\emptyset) = 0$ が成り立つ．また，$A, B \in \mathfrak{F}$ かつ $A \subset B$ のとき，

$$B = (A \cap B) \cup (A^c \cap B) = A \cup (A^c \cap B)$$

が成り立つ．よって，(iv), (vi) により，

$$P(A) \leq P(A) + P(A^c \cap B) = P(B)$$

を得る．ここで，(ii) と (iii) から $A^c \cap B = (A \cup B^c)^c \in \mathfrak{F}$ であることに注意しておこう．

C.2　確率変数

確率空間 $(\Omega, \mathfrak{F}, P)$ を固定し，X を Ω 上で定義された実数値関数とする．任意の $a \leq b$ に対し，X が

$$\{\omega \in \Omega : a \leq X(\omega) \leq b\} \in \mathfrak{F}$$

をみたすとき，X は確率変数とよばれる．これから，$P(\{\omega \in \Omega : a \leq X(\omega) \leq b\})$ は $P(a \leq X \leq b)$ と略記される．$P(a \leq X \leq b)$ は X の値が $[a, b]$ に含まれる確率と考える．

まず，公平なさいころをモデルにして考えよう．$\Omega = \{\omega_1, \ldots, \omega_6\}$ とし，$\mathfrak{F}$ は Ω の部分集合全体とする．また，$P(\{w_j\}) = 1/6$ $(1 \leq j \leq 6)$ と定めよう．この設定において，確率変数 $X(\omega_j) = j$ $(1 \leq j \leq 6)$ を考える．X のとる値はさいころの出る目を表す．今，さいころが公平であることが $P(X = j) = 1/6$ と表されている．より一般に，

$$P(i \leq X \leq j) = \begin{cases} \dfrac{j - i + 1}{6} & (1 \leq i \leq j \leq 6) \\ 0 & (\text{その他}) \end{cases}$$

が成り立つ．さて，確率変数 X の平均とは（X のとる値）×（そのときの確率）を一斉に足した和である．すなわち，今の場合 X の平均 $E[X]$ を

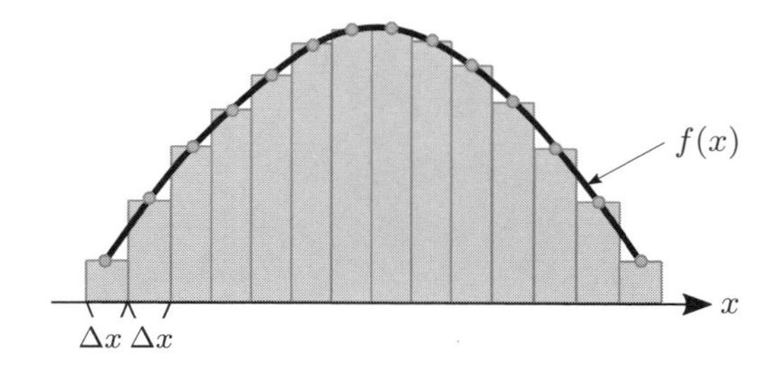

図 C.1：棒グラフとそれを近似する滑らかな関数

$$E[X] = \sum_{j=1}^{6} jP(X = j) = \sum_{j=1}^{6} X(\omega_j)P(\{\omega_j\})$$

と定める．このとき，$E[X]$ は

$$E[X] = \frac{1+2+3+4+5+6}{6} = \frac{7}{2} = 3.5$$

と計算される．

次に，もう少し複雑な例を考えよう．日本国民から無作為に選んだ人の身長を X とし，これを確率変数と考えよう．このとき，X が a [cm] 以上，b [cm] 以下の確率を $P(a \leq X \leq b)$ と表すことにする．表すとは言っても，実際のところ，$P(a \leq X \leq b)$ は捉えどころのない存在である．そこで，この確率を数学として厳密に求めることは考えずに，何らかの意味で適切に定めることを考える．例えば，統計学上十分な数のサンプルを調べた結果，身長の分布に関する**図 C.1** のような棒グラフが得られたとしよう．そして，十分な精度で測定されることを仮定すれば，この棒グラフの区分幅 Δx は十分小さくなると考えて，日本国民の身長の分布は滑らかな関数 $f(x)$ により近似されると考えてよい．こうすることで，微分積分が使えるようになる．この $f(x)$ のグラフと x 軸とで囲まれた部分の面積はほぼ棒グラフの面積，すなわちほぼ全サンプル数であることに注意して，

$$F(x) = \frac{f(x)}{\displaystyle\int_{-\infty}^{\infty} f(x)\, dx}$$

とおく．ここで，$P(a \leq X \leq b)$ を

$$P(a \leq X \leq b) = \int_a^b F(x)\ dx \left(\fallingdotseq \frac{[a,b] \text{ 間の棒グラフの面積}}{\text{全サンプル数}} \right)$$

と定めよう．このとき，F の定め方から，

$$P(-\infty < X < \infty) = \int_{-\infty}^{\infty} F(x)\ dx = 1$$

が成り立ち，これは全確率が 1 であることに相当する．F は P の**確率密度関数**とよばれる．さらに，

$$P(a \leq X \leq a + \Delta x) = \int_a^{a+\Delta x} F(x)\ dx \fallingdotseq F(a)\Delta x$$

に注意しよう．以下では，この F をもとにして X の平均を定めたい．さて，平均とは，素朴には，(X のとる値) × (そのときの確率) を一斉に足した和であった．よって，X の平均は棒グラフのレベルでは

$$\begin{aligned} \sum x \times \frac{[x, x+\Delta x] \text{ 間の棒グラフの面積}}{\text{全サンプル数}} &\fallingdotseq \sum xP(x \leq X \leq x + \Delta x) \\ &\fallingdotseq \sum xF(x)\Delta x \end{aligned}$$

と表すことができる．最後の式は区分求積法による $xF(x)$ の積分の近似に他ならない．このようにして，5.1 節で定義した積分

$$E[X] = \int_{-\infty}^{\infty} xF(x)\ dx$$

に到達する．

付録 D

サポートベクトルマシン

ここでは，線形分離可能なデータの集合に対し，適切な超平面の選び方を与えることを問題とする．以下，ユークリッド空間 $\mathbb{R}^d$ で考えるが，ヒルベルト空間で考えても同様であることを注意しておこう．$\mathbb{R}^d$ 内で $\boldsymbol{a}$ を通り，$\boldsymbol{v}$ を法ベクトルとする超平面

$$H = \{\boldsymbol{x} \in \mathbb{R}^d : \langle \boldsymbol{x} - \boldsymbol{a}, \boldsymbol{v} \rangle = 0\}$$

を考える．$S = \{\boldsymbol{x}_1, \ldots, \boldsymbol{x}_n\}$ を $\mathbb{R}^d$ 内の有限集合とし，$d(\boldsymbol{x}_i, H)$ を $\boldsymbol{x}_i$ と H との距離とする．すなわち，

$$d(\boldsymbol{x}_i, H) = \min_{\boldsymbol{w} \in H} \|\boldsymbol{x}_i - \boldsymbol{w}\|$$

と定める．S の任意の分割 $S = S_+ \cup S_-$ $(S_+ \cap S_- = \emptyset)$ に対し，S_+ と S_- を分離する超平面の中で最大化問題

$$\max_{H} \min_{1 \le i \le n} d(\boldsymbol{x}_i, H) \tag{D.0.1}$$

を解きたい．同じことであるが，S_+ と S_- を分離する超平面 H の中で，$\min\limits_{1 \le i \le n} d(\boldsymbol{x}_i, H)$ を最大化する超平面 $H_{\max}$ を見つけたい．このような超平面 $H_{\max}$ は S_+ と S_- のちょうど中間にある．この意味で $H_{\max}$ は適切な選び方といえるだろう．これを**ハードマージン法**という．ここで用語を整理しよう．各データと超平面との距離の最小値である $\min\limits_{1 \le i \le n} d(\boldsymbol{x}_i, H)$ は**マージン**，マージンを最大化する超平面 $H_{\max}$ は**最大マージン超平面**，マージンを達成するベクトル，すなわち $d(\boldsymbol{x}_{i_0}, H) = \min\limits_{1 \le i \le n} d(\boldsymbol{x}_i, H)$ をみたす $\boldsymbol{x}_{i_0}$ は**サポートベクトル**とよばれる．

最大マージン超平面の存在と一意性

ここでは，S_+ と S_- が超平面分離可能なときに，最大マージン超平面が一意に存在することを示す．

補題 D.0.1（点と超平面の距離）． $\mathbb{R}^d$ 内の超平面

$$H = \{\boldsymbol{x} \in \mathbb{R}^d : \langle \boldsymbol{x} - \boldsymbol{a}, \boldsymbol{v} \rangle = 0\}$$

と H 上にない点 $\boldsymbol{x}_0$ を考える．このとき，$\boldsymbol{x}_0$ と H の距離 $d(\boldsymbol{x}_0, H)$ は

$$d(\boldsymbol{x}_0, H) = \frac{|\langle \boldsymbol{x}_0 - \boldsymbol{a}, \boldsymbol{v} \rangle|}{\|\boldsymbol{v}\|}$$

で与えられる．

証明　$V = \{\boldsymbol{y} \in \mathbb{R}^d : \langle \boldsymbol{y}, \boldsymbol{v} \rangle = 0\}$ とおく．$\boldsymbol{x} \in H$ と $\boldsymbol{x} - \boldsymbol{a} \in V$ は同値であることと，

$$\|\boldsymbol{x}_0 - \boldsymbol{x}\| = \|(\boldsymbol{x}_0 - \boldsymbol{a}) - (\boldsymbol{x} - \boldsymbol{a})\|$$

から，$d(\boldsymbol{x}_0, H) = d(\boldsymbol{x}_0 - \boldsymbol{a}, V)$ が成り立つことがわかる．よって，$d(\boldsymbol{x}_0 - \boldsymbol{a}, V)$ を求めればよい．以下，$\boldsymbol{y}_0 = \boldsymbol{x}_0 - \boldsymbol{a}$ とおき，$\boldsymbol{y}_0$ の V の上への直交射影を $P\boldsymbol{y}_0$ とおけば，$\boldsymbol{y}_0 - P\boldsymbol{y}_0 = r\boldsymbol{v}$ と表すことができる．ここで，r は実数である．このとき，

$$d(\boldsymbol{y}_0, V) = \|\boldsymbol{y}_0 - P\boldsymbol{y}_0\| = |r|\|\boldsymbol{v}\|$$
$$\langle \boldsymbol{y}_0, \boldsymbol{v} \rangle = \langle r\boldsymbol{v} + P\boldsymbol{y}_0, \boldsymbol{v} \rangle = \langle r\boldsymbol{v}, \boldsymbol{v} \rangle = r\|\boldsymbol{v}\|^2$$

が成り立つ．以上のことから，

$$d(\boldsymbol{x}_0, H) = d(\boldsymbol{y}_0, V) = \frac{|\langle \boldsymbol{y}_0, \boldsymbol{v} \rangle|}{\|\boldsymbol{v}\|} = \frac{|\langle \boldsymbol{x}_0 - \boldsymbol{a}, \boldsymbol{v} \rangle|}{\|\boldsymbol{v}\|}$$

を得る．　□

以下，最大マージン超平面が存在することを示そう．$\gamma = -\langle \boldsymbol{a}, \boldsymbol{v} \rangle$ とおいて，H を

$$H = \{\boldsymbol{x} \in \mathbb{R}^d : \langle \boldsymbol{x}, \boldsymbol{v} \rangle + \gamma = 0\}$$

と表すことにする．今，S_+ と S_- が H により分離されているが，法ベクトル $\boldsymbol{v}$ の向きを調整することで，

$$S_+ \subset \{\boldsymbol{x} \in \mathbb{R}^d : \langle \boldsymbol{x}, \boldsymbol{v} \rangle + \gamma > 0\}$$
$$S_- \subset \{\boldsymbol{x} \in \mathbb{R}^d : \langle \boldsymbol{x}, \boldsymbol{v} \rangle + \gamma < 0\}$$

と仮定してよい．さらに，

$$m = \min_{1 \le i \le n} |\langle \boldsymbol{x}_i, \boldsymbol{v} \rangle + \gamma|$$

とおくとき，H のもう一つの表し方

$$H = \{\boldsymbol{x} \in \mathbb{R}^d : \langle \boldsymbol{x}, m^{-1}\boldsymbol{v} \rangle + m^{-1}\gamma = 0\}$$

を考えれば，最初から

$$\min_{1 \le i \le n} |\langle \boldsymbol{x}_i, \boldsymbol{v} \rangle + \gamma| = 1 \tag{D.0.2}$$

と仮定してよい．このとき，点と超平面の距離の公式（補題 D.0.1）により

$$\min_{1 \le i \le n} d(\boldsymbol{x}_i, H) = \min_{1 \le i \le n} \frac{|\langle \boldsymbol{x}_i, \boldsymbol{v} \rangle + \gamma|}{\|\boldsymbol{v}\|} = \frac{1}{\|\boldsymbol{v}\|}$$

が成り立つ．よって，(D.0.1) を解くには，条件 (D.0.2) の下で $\|\boldsymbol{v}\|$ を最小化すればよいことになる．

次に，ラベル λ_i を用いれば，(D.0.2) から

$$\lambda_i(\langle \boldsymbol{x}_i, \boldsymbol{v} \rangle + \gamma) \ge 1 \quad (i = 1, \ldots, n) \tag{D.0.3}$$

が導かれる．ここで，

$$\mathcal{C} = \{\boldsymbol{w} \in \mathbb{R}^d : \lambda_i(\langle \boldsymbol{x}_i, \boldsymbol{w} \rangle + \gamma_{\boldsymbol{w}}) \ge 1 \quad (1 \le i \le n) \text{ をみたす実数 } \gamma_{\boldsymbol{w}} \text{ が存在する}\}$$

と定めよう．今考えている $\boldsymbol{v}$ に対し，$\boldsymbol{v} \in \mathcal{C}$ である．特に，$\boldsymbol{w} \in \mathcal{C}$ のとき，$\boldsymbol{w}$ と $\gamma_{\boldsymbol{w}}$ から定まる超平面 H は S_+ と S_- を分離していることに注意する．

今，$\boldsymbol{w}_1, \boldsymbol{w}_2 \in \mathcal{C}$ に対し，$t\boldsymbol{w}_1 + (1-t)\boldsymbol{w}_2 \in \mathcal{C}$ $(0 \leq t \leq 1)$ が成り立つ．よって，$\mathcal{C}$ は凸集合であるから，定理 3.3.7 により，$\mathcal{C}$ の中で原点と最も近い $\boldsymbol{w}_0 \in \mathcal{C}$ が一意に存在する．ここで，もし

$$\min_{1\leq i\leq n} |\langle \boldsymbol{x}_i, \boldsymbol{w}_0 \rangle + \gamma_{\boldsymbol{w}_0}| = \delta > 1$$

であれば，

$$\min_{1\leq i\leq n} \left| \left\langle \boldsymbol{x}_i, \frac{\boldsymbol{w}_0}{\delta} \right\rangle + \frac{\gamma_{\boldsymbol{w}_0}}{\delta} \right| = 1$$

が成り立つ．よって，$\boldsymbol{w}_0/\delta \in \mathcal{C}$ である．ところが，

$$\|\boldsymbol{w}_0\| > \frac{\|\boldsymbol{w}_0\|}{\delta}$$

となるので，$\|\boldsymbol{w}_0\|$ の最小性に反する．従って，$\delta = 1$ であり，$\boldsymbol{w}_0, \gamma_{\boldsymbol{w}_0}$ は条件 (D.0.2) をみたす．このようにして，(D.0.1) に解が存在することがわかった．

最大マージン超平面の位置

$H_{\max}$ を $S = S_+ \cup S_-$ $(S_+ \cap S_- = \emptyset)$ に対する最大マージン超平面とし，

$$\delta_\pm = \min_{\boldsymbol{x}\in S_\pm} d(\boldsymbol{x}, H_{\max})$$

と定める．このとき，$\delta_+ = \delta_-$ が成り立つことを示そう．すなわち，$H_{\max}$ は S_+ と S_- のちょうど中間にあることを示そう．

絵を描けばほとんど自明かもしれないが，念のため数学らしい証明を述べておこう．$H_{\max} = \{\boldsymbol{x} \in \mathbb{R}^d : \langle \boldsymbol{x} - \boldsymbol{a}, \boldsymbol{v} \rangle = 0\}$ とおく．ただし，$\boldsymbol{v}$ は $\|\boldsymbol{v}\| = 1$ と選んでおく．今，$\delta_- < \delta_+$ を仮定しよう．すなわち，$S = S_+ \cup S_-$ と $H_{\max}$ に対するマージンは δ_- であると仮定する．このとき，$\delta = (\delta_+ - \delta_-)/2$ とおき，新たな超平面 $\widetilde{H} = \{\boldsymbol{x} \in \mathbb{R}^d : \langle \boldsymbol{x} - (\boldsymbol{a} + \delta\boldsymbol{v}), \boldsymbol{v} \rangle = 0\}$ を考える．さて，任意の $\boldsymbol{x}_+ \in S_+$ に対し，$H_{\max}$ と δ_+ の定め方により，

$$\langle \boldsymbol{x}_+ - \boldsymbol{a}, \boldsymbol{v} \rangle = \frac{\langle \boldsymbol{x}_+ - \boldsymbol{a}, \boldsymbol{v} \rangle}{\|\boldsymbol{v}\|} = d(\boldsymbol{x}_+, H_{\max}) \geq \delta_+ > \delta > 0$$

が成り立つ．ここから，

$$\langle \boldsymbol{x}_+ - (\boldsymbol{a} + \delta\boldsymbol{v}), \boldsymbol{v} \rangle = \langle \boldsymbol{x}_+ - \boldsymbol{a}, \boldsymbol{v} \rangle - \delta > 0$$

を得る．一方，$\boldsymbol{x}_- \in S_-$ に対し，$\langle \boldsymbol{x}_- - \boldsymbol{a}, \boldsymbol{v} \rangle < 0$ であるから，

$$\langle \boldsymbol{x}_- - (\boldsymbol{a} + \delta \boldsymbol{v}), \boldsymbol{v} \rangle = \langle \boldsymbol{x}_- - \boldsymbol{a}, \boldsymbol{v} \rangle - \delta < 0$$

は自明であろう．よって，$\widetilde{H}$ も S_+ と S_- を分離する．さらに，

$$\begin{aligned} d(\boldsymbol{x}_+, \widetilde{H}) &= \frac{|\langle \boldsymbol{x}_+ - (\boldsymbol{a} + \delta \boldsymbol{v}), \boldsymbol{v} \rangle|}{\|\boldsymbol{v}\|} \\ &= |\langle \boldsymbol{x}_+ - \boldsymbol{a}, \boldsymbol{v} \rangle - \delta| \\ &= \langle \boldsymbol{x}_+ - \boldsymbol{a}, \boldsymbol{v} \rangle - \delta \end{aligned}$$

から，

$$\min_{\boldsymbol{x}_+ \in S_+} d(\boldsymbol{x}_+, \widetilde{H}) = \delta_+ - \delta = \frac{\delta_+ + \delta_-}{2}$$

を得る．やはり同様に，

$$\begin{aligned} d(\boldsymbol{x}_-, \widetilde{H}) &= \frac{|\langle \boldsymbol{x}_- - (\boldsymbol{a} + \delta \boldsymbol{v}), \boldsymbol{v} \rangle|}{\|\boldsymbol{v}\|} \\ &= |\langle \boldsymbol{x}_- - \boldsymbol{a}, \boldsymbol{v} \rangle - \delta| \\ &= \delta - \langle \boldsymbol{x}_- - \boldsymbol{a}, \boldsymbol{v} \rangle \end{aligned}$$

から，

$$\min_{\boldsymbol{x}_- \in S_-} d(\boldsymbol{x}_-, \widetilde{H}) = \delta + \delta_- = \frac{\delta_+ + \delta_-}{2}$$

を得る．以上のことから，$\widetilde{H}$ も S_+ と S_- を分離し，そのマージンは

$$\min_{\boldsymbol{x} \in S} d(\boldsymbol{x}, \widetilde{H}) = \frac{\delta_+ + \delta_-}{2}$$

である．しかし，$\delta_- < \dfrac{\delta_+ + \delta_-}{2}$ は $H_{\max}$ が最大マージン超平面であることに反する．よって，$\delta_+ \leq \delta_-$ を得る．同様にして，$\delta_+ \geq \delta_-$ を得る．従って，$\delta_+ = \delta_-$ が成り立つ．

カーネル法との関係

ここで，カーネル法を用いた場合を考えよう．データの集合 $D = \{x_1, \ldots, x_n\} \subset X$ が $D = D_+ \cup D_-$ と分割されているとする．Φ を特徴

写像とし，$S = \{\Phi(x_1), \ldots, \Phi(x_n)\}$, $S_\pm = \Phi(D_\pm)$ に対し，これまでの議論を適用する．まず，$\boldsymbol{v}$ に関しては，$\Phi(x_1), \ldots, \Phi(x_n)$ との内積の値だけがわかれば十分なので，リプレゼンター定理（定理 4.2.1）と同様に，$\boldsymbol{v} = \sum_{j=1}^{n} c_j \Phi(x_j)$ と仮定してよい．このとき，

$$\begin{aligned}\langle \Phi(x_i), \boldsymbol{v} \rangle_{\mathcal{H}_k} &= \left\langle \Phi(x_i), \sum_{j=1}^{n} c_j \Phi(x_j) \right\rangle_{\mathcal{H}_k} \\ &= \sum_{j=1}^{n} c_j \langle \Phi(x_i), \Phi(x_j) \rangle_{\mathcal{H}_k} \\ &= \sum_{j=1}^{n} c_j k(x_i, x_j)\end{aligned}$$

かつ

$$\begin{aligned}\|\boldsymbol{v}\|_{\mathcal{H}_k}^2 &= \left\| \sum_{j=1}^{n} c_j \Phi(x_j) \right\|_{\mathcal{H}_k}^2 \\ &= \sum_{i,j=1}^{n} c_i c_j \langle \Phi(x_i), \Phi(x_j) \rangle_{\mathcal{H}_k} \\ &= \sum_{i,j=1}^{n} c_i c_j k(x_i, x_j)\end{aligned}$$

が成り立つことに注意しよう．よって，$\Phi(D_+)$ と $\Phi(D_-)$ に対する最大マージン超平面を求めるには，条件

$$\lambda_i \left(\sum_{j=1}^{n} c_j k(x_i, x_j) + \gamma \right) \geq 1 \quad (i = 1, \ldots, n) \tag{D.0.4}$$

の下で

$$\sum_{i,j=1}^{n} c_i c_j k(x_i, x_j) \tag{D.0.5}$$

を最小化する $\boldsymbol{c} = (c_1, \ldots, c_n)^\top \in \mathbb{R}^n$ を求めればよい．(D.0.4) は一次関数の不等式であり，(D.0.5) は二次関数であるから，問題 (D.0.1) が通常の微分積分の問題に帰着された．

ソフトマージン法

ハードマージン法では，データが線形分離可能であることを仮定して話を進めた．ところが定理 4.3.3 で見たように，線形分離を保証するにはデータの数だけ次元が必要になる．従って，データ数が非常に大きい場合に線形分離可能という条件は強すぎる．この場合に条件 (D.0.3) を緩める**ソフトマージン法**とよばれる方法がある．

サポートベクトルマシンの詳細については，赤穂 [2]，ビショップ [3]，福水 [4]，金森 [6]，竹内，烏山 [14] 等を参照せよ．

参考文献

[1] J. Agler and J. E. McCarthy, *Pick Interpolation and Hilbert Function Spaces*, Graduate Studies in Mathematics, 44, American Mathematical Society, 2002.

[2] 赤穂 昭太郎，カーネル多変量解析，岩波書店，2008.

[3] C. M. ビショップ（元田 浩, 栗田 多喜夫, 樋口 知之, 松本 裕治, 村田 昇（監訳）），パターン認識と機械学習 上・下，丸善出版，2012.

[4] 福水 健次，カーネル法入門，朝倉書店，2010.

[5] 荷見 守助，関数解析入門，内田老鶴圃，1995.

[6] 金森 敬文，統計的学習理論（機械学習プロフェッショナルシリーズ），講談社，2015.

[7] 熊谷 隆，確率論（新しい解析学の流れ），共立出版，2003.

[8] 持橋 大地，大羽 成征，ガウス過程と機械学習（機械学習プロフェッショナルシリーズ），講談社，2019.

[9] V. I. Paulsen and M. Raghupathi, *An Introduction to the Theory of Reproducing Kernel Hilbert Spaces*, Cambridge Studies in Advanced Mathematics, 152, Cambridge University Press, 2016.

[10] W. Rudin, *Real and Complex Analysis*, Third Edition, McGraw-Hill, 1986.

[11] C. E. Rasmussen and C. K. I. Williams, *Gaussian Processes for Machine Learning*, The MIT Press, 2006.

[12] 斎藤 三郎，再生核の理論入門，牧野書店，2002.

[13] S. Saitoh and Y. Sawano, *Theory of Reproducing Kernels and Applications*, Developments in Mathematics, 44, Springer, 2016.

[14] 竹内 一郎，烏山 昌幸，サポートベクトルマシン（機械学習プロフェッショナルシリーズ），講談社，2015.

文献メモ

機械学習，カーネル法に関しては，赤穂 [2]，ビショップ [3]，福水 [4]，金森 [6]，持橋，大羽 [8]，Paulsen–Raghupathi [9]，竹内，烏山 [14] を参考にした．再生核ヒルベルト空間に関しては，[9] の他に，Agler–McCarthy [1]，斎藤 [12]，Saitoh–Sawano [13] を参考にした．確率論については，熊谷 [7] を参考にした．

本書を読んだ後，機械学習に進む場合は，[2]，[3]，[4]，[6]，[8]，[14] を読んでもよいだろう．専門家の間では Rasmussen–Williams [11] も有名である．

本書では，カーネル法は本質的に有限次元の話であると考え，ヒルベルト空間論における完備化や完全正規直交基底についてはほとんど触れなかった．ヒルベルト空間論，関数解析を進んで学ぶ場合は荷見 [5] または Rudin [10] を薦める．本書は [5] の応用編のつもりで執筆した．

索　引

た

な

は

ま

や

ら

著者略歴

瀬戸　道生（せと　みちお）

1998 年　富山大学理学部数学科卒業
2000 年　東北大学大学院理学研究科博士課程前期数学専攻修了
2003 年　東北大学大学院理学研究科博士課程後期数学専攻修了
　　　　北海道大学理学部 COE ポスドク研究員，
　　　　神奈川大学工学部特別助手，
　　　　島根大学総合理工学部講師，准教授を経て
現　在　防衛大学校総合教育学群教授（博士（理学））

伊吹　竜也（いぶき　たつや）

2008 年　東京工業大学工学部制御システム工学科卒業
2010 年　東京工業大学理工学研究科機械制御システム専攻修士課程修了
2013 年　東京工業大学理工学研究科機械制御システム専攻博士後期課程修了
　　　　東京工業大学工学院助教を経て
現　在　明治大学理工学部講師（博士（工学））

畑中　健志（はたなか　たけし）

2002 年　京都大学工学部情報学科卒業
2004 年　京都大学情報学研究科数理工学専攻修士課程修了
2007 年　京都大学情報学研究科数理工学専攻博士後期課程修了
　　　　東京工業大学理工学研究科助教，准教授，
　　　　大阪大学工学研究科准教授を経て
現　在　東京工業大学工学院准教授（博士（情報学））

2021 年 4 月 15 日　第 1 版発行

著者の了解により検印を省略いたします

機械学習のための関数解析入門
ヒルベルト空間とカーネル法

著　者 ©　瀬　戸　道　生
　　　　　伊　吹　竜　也
　　　　　畑　中　健　志
発行者　内　田　　学
印刷者　馬　場　信　幸

発行所　株式会社　内田老鶴圃　〒112–0012 東京都文京区大塚3丁目34番3号
電話 03(3945)6781(代)・FAX 03(3945)6782
http://www.rokakuho.co.jp/
印刷・製本/三美印刷 K.K.

Published by UCHIDA ROKAKUHO PUBLISHING CO., LTD.
3–34–3 Otsuka, Bunkyo-ku, Tokyo 112–0012, Japan

ISBN 987-4-7536-0171-4 C3041　　U. R. No. 662–1

解 析 入 門　微分積分の基礎を学ぶ

荷見 守助 編著・岡 裕和・榊原 暢久・中井 英一 著

A5・216 頁・定価 2310 円（本体 2100 円＋税 10%） ISBN 978-4-7536-0095-3

第 1 章 関数と極限　数列の極限／関 数／初等関数　第 2 章 微 分　微 分／微分の公式／微分の応用　第 3 章 積 分　曲線の下の面積／定 積 分／不定積分と原始関数／不定積分の計算／定積分の計算／広義の積分／積分の応用　第 4 章 偏 微 分　2 変数関数の極限・連続性／偏導関数／全微分可能性／偏導関数の応用　第 5 章 重積分　二重積分／累次積分／積分変数の変換／広義二重積分／重積分の応用　第 6 章 級 数　基本定義と例／収束の判定法／関数項の級数／関数の展開

関数解析の基礎　∞次元の微積分

堀内 利郎・下村 勝孝 著

A5・296 頁・定価 4180 円（本体 3800 円＋税 10%） ISBN 978-4-7536-0099-1

パート 1…基礎理論　ベクトル空間からノルム空間へ／ルベーグ積分：A Quick Review ／ヒルベルト空間／ヒルベルト空間上の線形作用素／フーリエ変換とラプラス変換　パート 2…応 用　プロローグ：線形常微分方程式／超 関 数／偏微分方程式とその解について／基本解とグリーン関数の例／楕円型境界値問題への応用／フーリエ変換の初等的偏微分方程式への適用例／変分問題／ウェーブレット

複素解析の基礎　*i* のある微分積分学

堀内 利郎・下村 勝孝 著

A5・256 頁・定価 3630 円（本体 3300 円＋税 10%） ISBN 978-4-7536-0097-7

第 1 章　プロローグ…複素世界への招待／第 2 章　べき級数の世界／第 3 章　べき級数で定義される関数の世界／第 4 章　正則関数の世界／第 5 章　コーシーの積分定理／第 6 章　特異点をもつ関数の世界／第 7 章　正則関数のつくる世界／第 8 章　調和関数のつくる世界／第 9 章　正則関数列と有理型関数列の世界／第 10 章　エピローグ…問題解答

線型代数入門

荷見 守助・下村 勝孝 著

A5・228 頁・定価 2420 円（本体 2200 円＋税 10%） ISBN 978-4-7536-0098-4

第 1 章　ベクトル／第 2 章　行 列／第 3 章　行 列 式／第 4 章　ベクトル空間と一次写像／第 5 章　内積空間／第 6 章　一次変換の行列表現／第 7 章　内積空間の一次変換／第 8 章　二次形式の標準化／第 9 章　ユニタリー空間の一次変換／第 10 章　ジョルダン標準形／付録 A　平面と空間の座標と二三の公式／付録 B　略解とヒント

線型代数の基礎

上野 喜三雄 著

A5・296 頁・定価 3520 円（本体 3200 円＋税 10%） ISBN 978-4-7536-0029-8

第 1 章　内積，外積，行列式／第 2 章　空間における直線と平面／第 3 章　平面と空間における線型写像と行列／第 4 章　複素数と複素平面／第 5 章　一般の次数の行列について／第 6 章　行 列 式／第 7 章　行列の階数／第 8 章　連立一次方程式／第 9 章　ベクトル空間と線型写像／第 10 章　ベクトル空間の内積／第 11 章　エルミート行列とユニタリ行列の対角化／付録 A 「代数学の基本定理」の証明／付録 B　正規変換，正規行列

ルベーグ積分論

柴田 良弘 著

A5・392 頁・定価 5170 円（本体 4700 円＋税 10%） ISBN 978-4-7536-0070-0

1　準 備／2　n 次元ユークリッド空間上のルベーグ測度と外測度／3　一般集合上での測度と外測度／4　ルベーグ積分／5　フビニの定理／6　測度の分解と微分／7　ルベーグ空間／8　Fourier 変換と Fourier Multiplier Theorem

関数解析入門　線型作用素のスペクトル

荷見 守助・長 宗雄・瀬戸 道生 著

A5・248 頁・定価 3630 円（本体 3300 円＋税 10%）　ISBN 978-4-7536-0089-2

本書は，関数解析の地道な勉強に取り組む学生のために丁寧に編まれた教科書・参考書である．バナッハ空間およびヒルベルト空間上の線型作用素の基礎知識を作用素のスペクトルを標語としてまとめたもので，学部上級から大学院初年級向けの教科書であるが自習書としても十分役立つよう丁寧な説明を心がけている．

関数解析入門　バナッハ空間とヒルベルト空間

荷見 守助 著

A5・176 頁・定価 3080 円（本体 2800 円＋税 10%）　ISBN 978-4-7536-0094-6

本書は，関数解析への入門を目的とし，基本となる関数の空間およびその抽象化であるバナッハ空間とヒルベルト空間について解説する．